全国中等职业技术学校美容美发与形象设计专业教材

形象设计概论（第二版）

编审人员

主　编：谢　珺

参　编：谢艳军

主　审：霍起弟

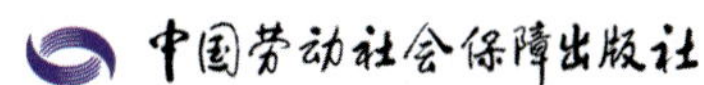

简介

本教材根据人力资源和社会保障部职业能力建设司颁布的美容美发与形象设计专业教学计划和教学大纲编写，供全国中等职业技术学校使用。

《形象设计概论（第二版）》共五章，包括：绪论、形象设计的概念与分类、形象设计要素、形象设计的审美法则、形象设计的设计语言。本教材对一版教材做了全方位的完善，更新了必备的理论知识和技能知识；添加了多元化的设计语言，进行了大幅更新与补充。本教材紧贴形象设计的特点，从教与学双重角度出发，详细阐述了形象设计的基本概念、构架，并结合色彩学、艺术学、服装设计等不同学科的多重理论，从理论和操作层面，多角度重新诠释形象设计的基本概念。

本教材可供全国中等职业技术学校美容美发与形象设计专业使用，也可作为职业培训教材。

本教材的编写工作得到了中央戏剧学院霍起弟教授的指导，以及毛戈平形象设计艺术学校校长、国家著名化妆师毛戈平先生的大力支持。本教材特别鸣谢毛戈平形象设计艺术学校。

图书在版编目(CIP)数据

形象设计概论/谢珺主编. —2版. —北京：中国劳动社会保障出版社，2013
全国中等职业技术学校美容美发与形象设计专业教材
ISBN 978-7-5167-0087-7

Ⅰ.①形… Ⅱ.①谢… Ⅲ.①个人-形象-设计-中等专业学校-教材 Ⅳ.①B834.3

中国版本图书馆CIP数据核字(2013)第121143号

中国劳动社会保障出版社出版发行
（北京市惠新东街1号 邮政编码：100029）

*

三河市潮河印业有限公司印刷装订 新华书店经销
787毫米×1092毫米 16开本 7.75印张 142千字
2014年2月第2版 2021年12月第12次印刷
定价：19.00元

读者服务部电话：（010）64929211/84209101/64921644
营销中心电话：（010）64962347
出版社网址：http://www.class.com.cn
http://jg.class.com.cn

出版说明

本套教材在第一版教材的基础上修订和增补，适用于中等职业技术学校美容美发与形象设计专业。教材根据企业岗位和学校教学需求，按照理论部分和操作部分分别组织教学内容，结构形式清晰活泼，并配有教学视频和电子课件。

教材体系

- 形象设计概论
- 化妆与造型
- 皮肤护理与美体
- 美发技术
- 保健按摩
- 美甲技术

各教材的主要结构

- 章首设置学习目标和章首语。
- 正文理论部分介绍知识及概念，操作部分详解实际操作的方法、流程、技术要领及注意事项。
- 正文中穿插“知识链接”“趣味阅读”“知识拓展”“小贴士”“温馨提示”等栏目。
- 章末设置“思考·练习”。

教材配套的教学资源

- 教学视频光盘包含丰富的操作示范。
- 电子课件可通过职业教育教学资源和数字学习中心（http://zyjy.class.com.cn）免费下载。

目　录

绪 论

形象设计是一项系统工程，是一个整体的概念。随着人类文明的不断进步，形象设计成为人类文明的重要标志之一。对于个人而言，形象体现一个人的文化素质和生活态度；对于公司企业而言，形象标志着一个企业的兴衰成败；对于一个城市而言，形象影响其经济文化的发展速度。因此，形象设计不仅具有重大的个体意义，其社会意义也不容忽视。

一、 人物形象设计

个人形象设计的目的是装饰、美化个体，使个人外在形象的优势得以展现。美好的形象不仅能提升个人气质，增强自信心与魅力，缩短人与人之间的距离，还能传递个人信息及提升产品价值，甚至扩大政治影响力。

1. 人物形象设计与信息传达

莎士比亚有一句名言：“如果我们沉默不语，我们的衣裳与体态也会泄露我们过去的经历。”的确，在人际交往时，人们往往通过外在形象来判断一个人的年龄、身份、学识，甚至社会地位。

西方学者雅伯特·马伯蓝比教授研究出的“7/38/55”定律，也证明了这个看法（见图 1）。在整体表现上，旁人对你的观感，只有 7% 取决于你真正谈话的内容，有 38% 来自表达这些话时的肢体语言等，而有高达 55% 的比重取决于你看起来够不够分量、够不够有说服力，一言以蔽之，也就是你的“外表”。

人物形象设计就是通过各种造型手段让人物在特定环境中传达出正确的信息。

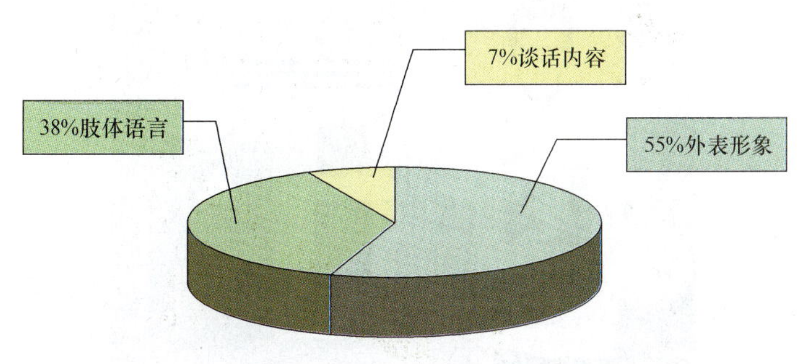

图 1 “7 / 38 / 55”定律

例如，多数医护人员以素雅洁净的白色着装为形象特征，这是因为白色给人以洁净、无污染的印象，让身处其中的患者感到安心；儿科、妇产科的医护人员则穿着粉红色服装，使人感到格外温馨；而手术服则使用浅绿色，一方面，有助于病人在手术中消除恐惧感，增强康复的信心；另一方面，绿色还能缓解医护人员眼睛疲劳，避免视错现象的产生（见图 2）。

a）医生服装

b）儿科、妇产科护士服装

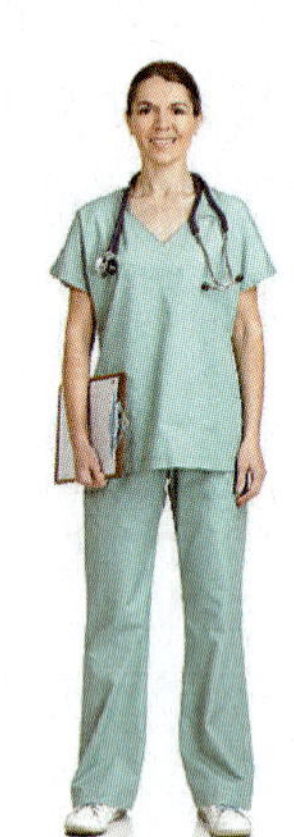

c）手术室服装

图 2　医护人员的职业形象

2. 人物形象设计与商业宣传

当社会生产力和人们的物质消费水平发展到一定高度时，同类商品之间的竞争激烈，人们可选择的范围很广。在这种情况下，具有良好公信力的人物形象，能大幅度提高人们对产品的认可度，从而产生巨大的经济效益。

例如，阿迪达斯公司聘请大卫・贝克汉姆出任该品牌的形象代言人，借助贝克汉姆超高的人气和健康帅气的运动形象，阿迪达斯在年轻消费者中迅速占有巨大的市场，从而获得庞大的广告效应（见图 3）。

图 3　大卫・贝克汉姆为阿迪达斯商品代言

3. 人物形象设计与政治影响力

良好的个人形象能给人带来自信与自豪感，可以改善和提升人际交往时的魅力，获得他人的信任与支持，从而获得更多的发展机遇和更大的发展空间，也就更有可能获得成功。

例如，1960 年美国总统竞选活动中，杰奎琳·肯尼迪以其简约时尚的服装、自由和睦的生活方式、富有进取精神和年轻活力的文化价值观展示出优雅的形象。人们普遍认为，杰奎琳·肯尼迪的形象对丈夫约翰·肯尼迪的当选起到了正面的推动作用（见图 4）。

图 4　杰奎琳·肯尼迪成功的形象塑造

二、企业形象设计

企业形象（Corporate Image，缩写为 CI）是指人们通过企业的各种标志（如产品特点、行销策略、人员风格等）而建立起来的对企业的总体印象，是企业文化建设的核心。良好的企业形象容易让人产生信任感，从而吸引到更多人才、合作机遇与政府扶持。

例如，麦当劳公司是世界型的快餐连锁集团，它的成功与优良、鲜明的企业形象有着重大关系。它的标志“M”像两扇打开的黄金双拱门，象征着欢乐与美味，而麦当劳叔叔则以亲和与友善的方式告诉大家麦当劳永远是大家的朋友（见图 5）。同时，麦当劳在产品品质与员工管理上也制定了一系列严格的规定，以便保障每一位顾客在任何时间、任何地点都能享受到快捷美味的食品。

图 5　麦当劳叔叔与标志性的“M”

三、城市形象设计

近些年来，随着城市经济的飞速发展，城市形象设计受到越来越多的青睐。其内容包括城市风格的整体定位、城市色彩设计、城市标志设计及城市花卉的选择等。一个好的城市形象设计能准确定位城市文化，还能向全世界展示和传达该城市的面貌、风土人情，这必然会极大地促进城市经济和文化的发展。

20 世纪 60 年代，迪拜利用国际高油价成为财大气粗的石油王国，然而好景不长，经过专家勘测，这些黑色黄金将被采掘殆尽，迪拜的经济将陷入困境。酋长听闻急忙召见各界人士对迪拜的未来出谋划策。通过成功的管理和运作，迪拜将储存量并不十分丰富的石油的最大收益给予了人民，并利用石油所带来的发展前景迅速地发展城市基础建设。此后迪拜利用其国际性贸易市场和发达的旅游业吸引国际友人，将自己打造成了顶级奢华的休闲之城。迪拜完成了一次从“石油王国”到“空中花园”的华丽转身（见图 6）。

图 6　俯瞰迪拜海湾建筑

如今，无论是国家、城市，还是企业、个人，要想在未来社会中提升竞争力，赢得更多的支持与合作，就必须清晰地认识到形象的重要性，建立有效的形象体系，展开形象营销才能获得更大的成功与收益。

第一章　形象设计的概念与分类

学习目标：

◆ 能描述出形象与形象设计的特征；客观感受事物形象在不同人印象中的变化；能说出“TPO”原则在不同环境中的运用。

◆ 能列举出人物形象设计的四种类型，以及各种类型所针对的不同人群、场合，并能归纳出各种类型的特点。

在诸多时尚设计门类中，形象设计与人们的生活、工作息息相关，其发展前景非常广阔。作为形象设计领域的后备力量，首先要对形象设计有一个整体的认识与了解。

第一节　形象设计的概念

一、形象

“形象”在英语中含有偶像、相像、映像之意；在《辞海》中解释为：形状、相貌及根据现实生活各种现象加以选择、综合所创造出来的具有一定思想内容和审美意义的具体、生动的图画。从心理学的角度来看，“形象”就是人们通过视觉、听觉、触觉、味觉等各种感觉器官在大脑中形成的关于某种事物的整体印象。简而言之就是知觉，即各种感觉的再现。

在大多数情况下，形象并不局限于事物本身，而更多地体现在人们对事物的感知上。不同的人对同一事物的感知各不相同，形象传达的信息受到人的意识和人们认知事物过程的影响。例如，提到苹果时，不同的人会联想到不同的事物（见图 1—1）。

a）苹果

b）电脑

c）牛仔裤

图 1—1　“苹果”的形象

趣味阅读

苹果公司商标演变

苹果的第一个商标是用钢笔画的，图案是牛顿坐在苹果树下读书，上下有飘带环绕。以此寓意苹果公司将效仿牛顿善于发现、思考、创新的精神。

不久后，苹果将公司的 logo 更换为被咬了一口的七彩苹果，寓意丰富多彩的产品种类。同时，简洁形象的品牌标志能让消费者轻松地记忆与辨认。

此后，苹果又将标志更换为半透明的、泛着金属光泽的银灰色的苹果，预示着苹果的业务由电脑制造转向电脑系统开发，体现出公司对精湛的、高科技水平的追求。

苹果推出 iPhone 手机时，正式地将公司名从苹果电脑公司更换为苹果公司，标志也随之更换为更加透明的、具有玻璃质感的苹果，预示着 iPhone 手机进入了触屏时代，带给用户全新的体验。

2012 年 3 月，我们在苹果 iPad 的发布会上又一次看到了彩色的苹果标志。与之前不同的是，彩色的渐变晕染效果给人带来一种绚丽多变的感受，也预示着新一代 iPad 中高分辨率视网膜显示技术的运用，它带给人们惊艳的视觉享受。而苹果公司 logo 的每一次变化也都预示着核心产品技术的革新，以及在专业领域中精益求精、永无止境的追求。

二、设计

“设计”一词源于拉丁语，含有徽章、记号、图案、造型、形式、方法、陈设等意思；在《辞海》中解释为：根据一定要求，对某项工作预先制定的图样和方案或指从事设计工作的人。例如，在电影行业中的场景设计、印刷业中的包装设计、广告行业中的平面设计等。古人在作画的时候，有“意在笔先”一说。指写字画画时，先构思成熟，然后下笔。这里的“意”就有设计之意，是一种有计划、有步骤、有目标、有方向的创作行为。

每个设计过程都是解决问题的过程。设计的起点是策划一个即将实施的项目，其过程如图 1—2 所示。在设计实施的过程中，包含设计者对项目的理解能力、信息的收集能力、创造能力、交流能力等。

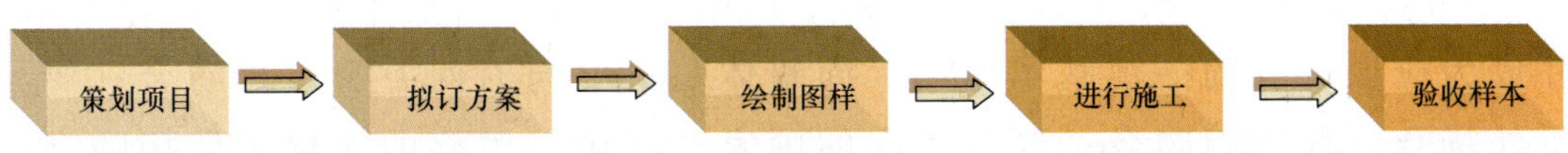

图 1—2　一般设计流程

三、形象设计

1. 定义

形象设计的领域十分宽广，小可至人物形象、产品形象，大可至国家形象、城市形象、企业形象等。本书所指形象设计即人物形象设计。

形象设计是一门着重于研究人的外观与造型的视觉传达艺术学科。它主要由化妆造型、服装服饰、体态礼仪等几大要素构成。

从广义上讲，形象设计是指人们在一定的社会意识形态支配下进行的一种既富有特殊象征寓意，又别具艺术美感的艺术创作与实践活动。它所涉及的领域很广，如美学、色彩学、心理学、解剖学、生理学、病理学、物理学、化学、民俗学、民族学等多门学科。需要设计者具备较高的艺术修养、丰富的生活体验与知识积累、细致的观察力与敏锐的时尚触觉、天马行空的想象力及高超娴熟的表现技巧。

从狭义上讲，形象设计是以审美为核心，按照一定的设计目的，在设计对象原有形象基础上重塑一个全新自我的艺术实践活动。它既是艺术的体现，也是生活中的实际需求。所以，特别值得一提的是，这里的“重塑”并非是指完全脱离设计对象本身，打造出一个与其毫不相干的形象。与之相反，“重塑”形象正是要挖掘出设计对象的潜质，打造一个与内在呼应、于外在表现丰富的整体形象。

2. 原则

说到形象设计，就不得不提到“TPO”原则。此原则是由日本男用时装协会（MEU）于1963年提出来的，“TPO”原则一经提出，便迅速在全世界传播、普及，成为世界服装界公认的审美原则。TPO是英语“Time”“Place”“Occasion”三个词首字母的缩写。T代表时间、季节、时令、时代，P代表地点、场合、职位，O代表目的、对象。它要求人们的服装服饰要与所出现的时间、地点、场合相协调，这样才能取得最佳效果。

目前，“TPO”原则已经突破服装领域的限制，被扩大引申至形象设计中来，并成为应该遵守的一项基本原则。即整体装扮要与时间、季节相吻合；要与所处场合、环境相吻合；要与所在的国家、区域、民族的文化习俗相吻合；要根据不同的交往目的、交往对象，进行符合身份的装扮，给人留下良好的印象。

这里的“TPO”原则不仅仍继续适用于服饰的选择，而且适用于发型设计、化妆设计，以及其他美化人体的一切行为，甚至也适用于社交礼仪、气质风度设计等方面。

第二节　人物形象设计的分类

依据“TPO”原则对于形象装扮的要求，人物形象设计又可以分为生活人物形象设计、时尚人物形象设计、舞台人物形象设计、影视人物形象设计四类具有代表性的人物形象。

一、生活人物形象设计

以普通人为设计对象，以生活场景为设计依据，运用一般日常感知的眼光来把握，突显实用性、时代性，追求真实自然，避免夸张繁复和矫揉造作。此类设计应用范围广泛，依据其出现的场合又可分为休闲人物形象、居家人物形象、职业人物形象、晚会人物形象和职场人物形象等几大类（见图 1—3）。

a）休闲人物形象

b）职业人物形象

图 1—3　生活人物形象

二、时尚人物形象设计

以时尚圈内的歌手、演员、模特为设计对象，以宣传、展示为设计目的，如拍

摄各类平面或动态广告宣传片，参与各类新品发布会、颁奖典礼等活动时人物的形象设计。

为时尚人物设计个人形象时，要注意展示个性，表现个人的优势与魅力；而为产品宣传设计人物形象时，要特别注意产品的风格与人物形象的结合，要恰到好处地烘托产品，切勿喧宾夺主。同时，时尚圈也是一个产生流行、发布流行的重要媒介，因此，设计时还应注意适时地融入时尚元素，并起到引领时尚潮流的作用（见图 1—4）。

a) 彩妆品广告人物形象

b) 墨镜广告人物形象

图 1—4　时尚人物形象

三、舞台人物形象设计

舞台人物形象设计源自舞台表演形式的兴起，演员是舞台表演的主体，其表演的最终目的是塑造具有独特性格魅力的人物形象。所以，设计时要准确地把握角色性格，做到演员与角色的统一、艺术与生活的统一，并采用必要的、夸张的手法进行表现，以适应观者在欣赏距离上的需要。

舞台人物形象设计包括戏曲人物形象设计、话剧人物形象设计、歌舞剧人物形象设计等（见图 1—5）。

图 1—5　舞台人物形象

四、影视人物形象设计

电影、电视人物形象设计统称为影视人物形象设计。一般以演员、主持人为主要设计对象，以剧本作为创作依据。由于其呈现形式的特殊性决定了此类形象设计必须做到逼真且完整(见图 1—6）。

图 1—6　影视人物形象

从行业现状来看，目前，国内的人物形象设计在影视人物造型、舞台人物造型、电视节目主持人造型等领域的发展初具规模。而在生活、职业、时尚人物形象设计领域还处于起步阶段。随着人们对人物形象设计个性需求的不断攀升，审美能力的不断提高，势必对从业人员的综合素质要求更高，而不断提升的物质生活水平和对生活品质的追求也势必会将形象设计行业推向繁荣。

思考 · 练习

1. 根据下面所述的场景，为自己设计出行装扮（还记得本章讲到的“TPO”原则吗？尝试运用一下）。

（1）姐姐将婚礼定在了春天，届时我要以伴郎（或者伴娘）的身份陪伴其左右。

我的设计：____

____

（2）夏天该运动了，周末约上朋友打篮球或羽毛球。

运动流汗，我应该：____

____

（3）收到生日聚会的邀请，时间定在晚 6：00 到晚 8：00，入秋了天气有些凉。

我想穿：____

____

2. 收集生活中你感兴趣的人物形象图片，并按照本章节所讲的四大类型将图片进行归纳整理，填入下表。（有没有考虑过把你自己的照片也加进来，或者尝试模仿你感兴趣的人物形象来装扮自己？）

类型	我选择的图片	我的点评	同学们的点评
生活人物形象			
时尚人物形象			
舞台人物形象			
影视人物形象			

第二章　形象设计要素

学习目标：

◆ 了解构成事物形态最基本的元素是什么，并能说出点、线、面、体在形态构成中的作用；学会运用点、线、面、体构成立体空间效果。

◆ 能说出与形象设计相关的肌理有哪些，能掌握皮肤、头发、面料肌理的改造方法。

◆ 能描述出各种色彩带给人们的感受，掌握色彩的调配方法。

正如语言是由字、词、句构成的一样，形象设计师就是借助于蕴涵着各种信息的视觉语言，将一个完整的视觉信息传达给受众对象。通常所说的形象设计语言即形象设计要素，它包括形态、肌理、色彩三大要素。

第一节 形态要素

形象设计的形态要素是进行形象塑造的基本元素。它主要包括点、线、面、体。形象设计师就是通过点、线、面、体构成的具象的或抽象的、平面的或立体的各种形态，赋予人们视觉和心理上的形态差异。

一、点在形象设计中的运用

1. 点的概念及构成

点是构成形态最基本的元素，所有形态归根到底都可以被看做是点的集合。在形象设计中，不论其大小、体积、形状怎样，但凡在视觉中可以感受到的最小面积的形态就是点。

点有着强烈的聚焦作用，当画面中出现一个点时，我们的视线就会围绕这个点形成一个视觉区域；当画面中出现两个相等的点时，我们的视线就会在这两个点之间来回移动；当点朝着一个方向移动时，它的移动轨迹就会形成线；当点朝着任意方向移动并累积到一定量时，它的移动轨迹就会形成面；当一定量的点聚集的大小、远近发生变化时，就会产生三维空间效果，也就是体（见图 2—1）。

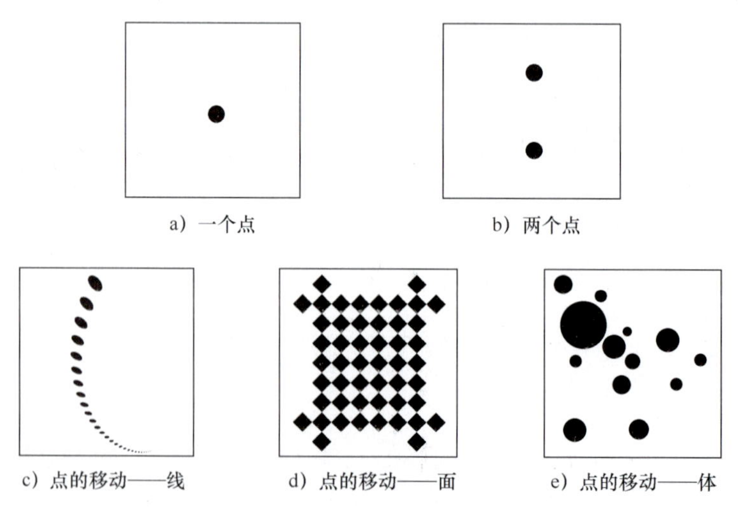

图 2—1　点的构成

2. 点在化妆设计中的运用

点在面部化妆设计中是一种相对抽象的视觉形态，相对于头面而言，眉、眼、鼻、唇、睫毛、腮红、面饰等都可以视为点。

在设计妆面时，我们常常会巧妙地利用点对视觉的引导作用突出表现模特面部的某一优点，淡化缺点。这就是利用了点具有聚焦作用的特性（见图 2—2a）。

如果需要同时突出表现两个重点，那么，我们的视线就会在这两点之间形成一个焦点区域。我们常常运用这种方法来突出表现妆容设计中的重要区域（见图 2—2b）。

由于人的视线总是习惯性地按照由大到小或由近至远的顺序产生移动，所以当面部化妆中需要同时突出表现多个点时，就特别要注意点与点之间的主次之分，以达到表现层次、平衡韵律的目的（见图 2—2c）。

a）突出一点

b）突出两点

c）突出多点

图 2—2　点在化妆设计中的运用

当点以装饰效果出现在化妆设计中时，它的运用更加富于感染力（见图 2—3）。

a）点元素的聚集效果

b）点元素的跳跃效果

图 2—3　化妆中装饰性的点元素

3. 点在发型设计中的运用

在发型设计中，点有着确立重心的作用。在发型制作前先要确定一个基点，接下来所有的头发都会围绕着这个基点进行制作。因此基点设立在哪里，发型的重心就在哪里。基点位置不同的发型所呈现的效果也有所不同（见表 2—1）。

表 2—1　　发型基点的设立与表现效果

基点位置	图示	表现效果
上部		年轻、活泼、时尚
中部		均衡、平稳
下部		含蓄、沉稳、优雅
侧面		个性、动感

在发型制作的过程中，点的表现形式多种多样，如发卷、发环、发结、发髻、发饰等都是表现发型层次的装饰性点元素，也是一种相对抽象的点形态，它们能起到丰富造型纹理、引导视觉动向的作用（见图 2—4）。

4. 点在服装上的运用

点是服装设计中最灵活的造型元素，它在服装中的运用随处可见，如纽扣、胸

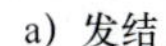

a) 发结

b) 发饰

图 2—4　发型中装饰性的点元素

针、珠片、线迹、花朵、蝴蝶结、图案、商标等。无论是平面、立体，抽象、具象，依附于服装表面或独立于服装存在的，都不影响点元素在服装设计中所起到突出、强调、标志、装饰的作用。纽扣的运用就是最典型的例子，它既有扣合门襟、固定衣片或者零部件的作用，又有强调走势、丰富款式结构的作用（见图 2—5a）。

在面料上印染点状纹样是点在服装设计中的一种表现形式。小圆点图案对比柔和，显得清新、俏皮；大圆点图案对比强烈，显得个性、张扬。波尔卡圆点和欧普风格圆点是非常有代表性的点状纹样（见图 2—5b）。

其他工艺，如破洞牛仔、网眼针织、蕾丝等面料中的镂空部分，利用下层面料或皮肤的反衬作用，也会呈现点状纹样的效果。相对于前文所述，镂空面料是一种虚点的表现形式（见图 2—5c）。

a) 纽扣的运用

b) 点状纹样面料

c) 镂空面料

图 2—5　点在服装设计中的运用

趣味阅读

波尔卡圆点

波尔卡圆点（Polka Dot）一般是同一大小、同一种颜色的圆点以一定的距离均匀排列而成。波尔卡这个名字，来源于一种名叫波尔卡的东欧音乐，倒不是说这些图案像跳动的音符，而是有一段时间很多波尔卡音乐的唱片封套都是以波尔卡圆点图案装饰的（见下图）。

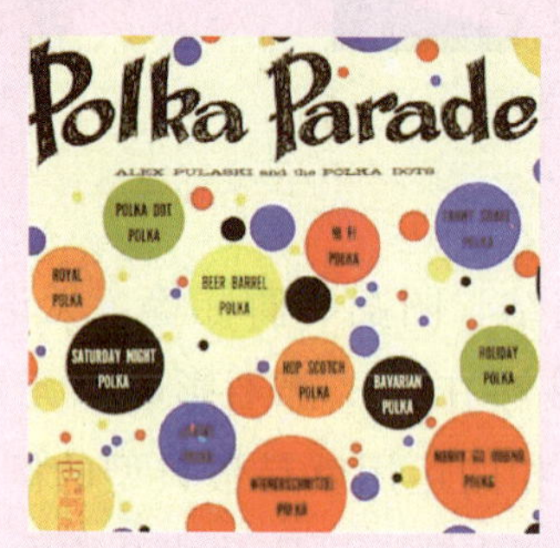

波尔卡图案最风光的时候是在20世纪50年代，当时的女人爱穿蓬松的过膝裙装，以黑底白点作为配色的图案是她们的首选。直到今天，波尔卡圆点仍然活跃在时尚潮流中，并成为复古风格中的一种典型代表（见图2—5b）。

二、线在形象设计中的运用

1. 线的概念及构成

线是点移动的轨迹形成的，几何学上的线有长度而无宽度。在形象设计中，线是具有长度、宽度和深度的三维空间实体，它不仅有直曲的变化，还有粗细、长短、软硬之分。

线的构成方式有很多，线的整齐排列会产生秩序感（见图2—6a）；线的重叠交叉会产生空间感（见图2—6b）；线的集聚会产生层面感（见图2—6c）；线的发散状排列会产生延伸感（见图2—6d）；线的起伏和旋转会产生律动感（见图2—6e）。如果将点视为组成立体形态的最小“细胞”，那么线就是支撑起立体形态的“骨骼”。

a）线的整齐排列秩序

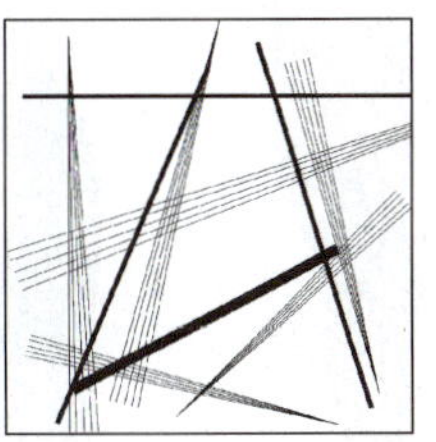

b）线的重叠交叉空间

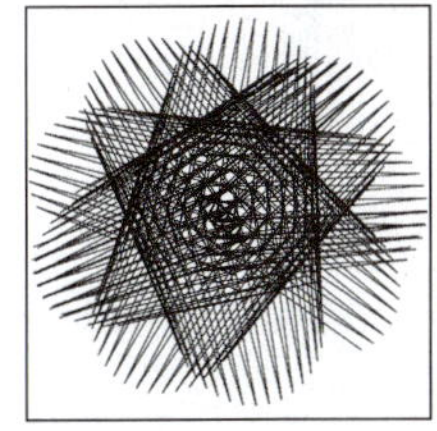

c）线的集聚排列——层面

d）线的发射排列——延伸

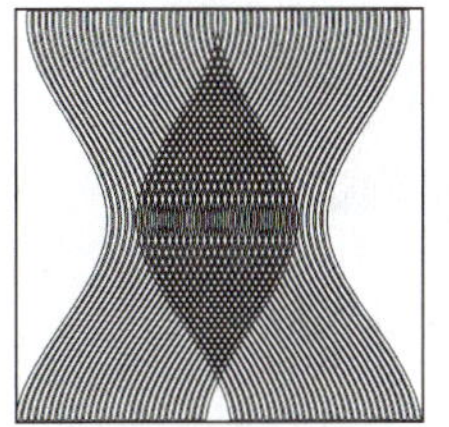

e）线的起伏与旋转排列——律动

图 2—6　线的构成

2. 线在化妆设计中的运用

线在面部化妆设计中有着独特的魅力，它能强调廓形、表现立体感并起到美化和装饰的作用。例如，眉毛、眼线、睫毛、唇线等都是由线条构成的。形态各异的线条能呈现出丰富的情感与性格。直线给人以率直硬朗、男性化的印象（见图 2—7a），而曲线则给人以优雅委婉、女性化的印象（见图 2—7b）；粗线给人以结实有力的印象，而细线则给人以纤弱灵巧的印象。当线以装饰效果出现在化妆设计中时，它的表现方式就更加丰富多彩（见图 2—8）。

a）直线表现硬朗

b）曲线诠释优雅

图 2—7　线在化妆设计中的运用

a）性感粗犷

b）妩媚妖娆

c）个性伶俐

图 2—8　化妆中装饰性的线元素

3. 线在发型设计中的运用

在发型设计中，线是表现发型轮廓、纹理最重要的元素。发型的外边缘线称为发型轮廓线，轮廓线的大小、虚实都会对发型效果产生影响。大的发型轮廓线给人以大量感的印象，小的发型轮廓线给人以小量感的印象（见图 2—9）；虚的发型轮廓线给人以轻盈的印象，实的发型轮廓线给人以有重量感的印象（见图 2—10）。

a）大轮廓发型

b）小轮廓发型

图 2—9　大小发型轮廓线的视觉差

a）虚轮廓发型

b）实轮廓发型

图 2—10　虚实发型轮廓线的视觉差

在制作发型时，利用发丝的线形纹路可以表现出发型纹理。各种线形纹理的情感表达为：S 形纹理给人以妩媚动人的印象；C 形纹理给人以活泼轻快的印象（见图 2—11）；螺旋形纹理给人以华丽迷人的印象；自由形纹理给人以自在奔放的印象。当多种线形态同时在一款发型中展现时，就能表现出更加丰富的纹理。

a）S形纹理

b）C形纹理

图 2—11　线形纹理的情感表达

4. 线在服装上的运用

在服装设计中，线条的运用可表现为外轮廓造型线、结构线、装饰线以及面料线条图案等。它们能丰富服装形态，弥补身材缺陷，展示非凡的创造力与表现力（见图 2—12）。

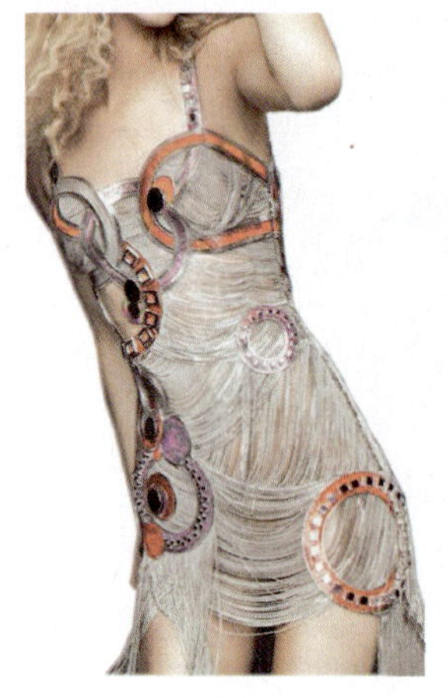

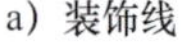

a）装饰线

b）结构线

c）线条图案

图 2—12　线在服装中的表现

三、面在形象设计中的运用

1. 面的概念及构成

面是由点、线的移动轨迹产生的，在几何学中，面有长度和宽度，而无深度与厚度。在形象设计中，直线构成的面给人以简洁、硬朗、男性化的印象；曲线构成的面则给人以饱满、柔和、女性化的印象。除此之外，形成面的材质不同，还会产生虚、实之分，虚面给人以轻盈通透的印象，实面则给人以厚重沉稳的印象。其构成方式主要有排列、切割、折叠、卷曲、翻转、穿插等（见图 2—13）。不同的分割和组合的方式往往能创造出全新的空间形态。面相当于构成立体形态的“皮肤”。

a）面的排列与折叠

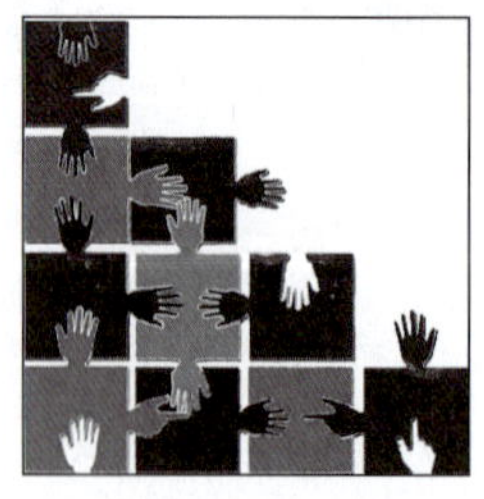

b）面的切割与穿插

c）面的翻转与卷曲

图 2—13　面的构成

2. 面在化妆设计中的运用

在化妆设计中，利用不同明暗程度的面可以塑造面部立体感，改善面部结构与轮廓。例如，面部轮廓扁平的人，需要在脸的正面使用明亮、浅淡的色彩，使其产生凸起、前进的感受；而在脸的侧面会使用深沉的色彩，使其产生收缩、后退的感受。这一明一暗两个面会让视线产生错觉，从而达到改善面部轮廓的作用。

不同形状的面在化妆设计中的运用所传达出的信息、寓意也不同。圆的面形态给人以丰满圆润的印象；方的面形态给人以平稳正气的印象；角形的面形态给人以尖锐刺激的印象；不规则的面形态则给人以随意明快的印象（见图 2—14）。

a）圆形面

b）方形面

c）角形面

图 2—14　面在化妆设计中的不同效果

3. 面在发型设计中的运用

在发型设计中，由自然垂落的线条组成的直线面发型给人以沉静、稳定的印象；由上升直线组成的直线面发型则给人以活力、个性的印象；由舒展的曲线组成的曲线面发型给人以温婉、舒畅的印象；由紧缩的曲线构成的曲线面发型则给人以紧张、焦灼的印象（见图 2—15）。

4. 面在服装设计中的运用

在服装设计中，面的分割与组合、重叠与旋转、面层与面群排列等形式的运用十分频繁，它们能使服装变得层次丰富而立体，并具有一定的空间感受（见图 2—16）。几何图形面料在服装设计中的表现力也极强，不同形状的块面和跳跃的色彩组合在一起时，能赋予服装张扬的个性和强烈的视觉感染力（见图 2—17）。

a）自然垂落的直线面

b）有上升感的直线面

c）舒展的曲线面

d）紧缩的曲线面

图 2—15　面在发型设计中的运用

a）面的分割与组合

b）面的重叠

c）面的旋转

图 2—16　面在服装设计中的运用

a) 范例1

b) 范例2

图 2—17　几何图形面料的运用

四、体在形象设计中的运用

1. 体的概念及构成

体是由面围合而成的，也可以由面的移动轨迹形成。在几何学中，体具有位置、长度、宽度和厚度，在形象设计中，体有重量感、充实感，能够更有效地表现空间立体感，是立体空间中最有效的造型形式，它相当于构成立体形态中的“肌肉”。

体的最基本的几何形态有长方体、球体、圆柱体、锥体、正六面体等，几何形态给人以稳定、理性的印象，但缺乏生动感。经过扭曲、变形等方式的处理后，能打破原有形态，改变形体的方向，增加动感与视觉张力。除此之外，利用分割、切削、扭曲、破坏等方式分裂原有形态后，再将其集聚与组合就能得到新的立体空间形态（见图 2—18）。

a) 体的分割与组合

b) 体的扭曲

图 2—18　体的构成

2. 体在化妆设计中的运用

在人的面部轮廓中，鼻子的轮廓近似于椎体，鼻梁的轮廓近似于圆柱体，眼睛的轮廓近似于球体。而相对于人体而言，人的头部轮廓则是近似于鹅蛋形的球体。化妆就是塑造体的过程，其方法是运用面与面之间的色彩过渡，最终达到表现逼真的立体形态的目的。这与素描中立体感的表现方式近似。

3. 体在发型设计中的运用

可以说，体是形象设计中的最终表现，在发型设计中也不例外。所有的造型手段都是为了最终呈现一个完整的体形态。几何形态的发型给人以规则、稳定的印象；自然形态的发型给人以亲切、随意的印象（见图 2—19）。

a）几何形态的发型

b）自然形态的发型

图 2—19　体在发型设计中的运用

4. 体在服装设计中的运用

服装的廓形是服装设计中与人体轮廓、比例结构联系最紧密的部分，也是体在服装设计中最明显的表达方式。服装中常见的廓形有 A 形、H 形、X 形、O 形、Y 形等（见图 2—20）；也可用几何形态将其形象地归纳为正三角形、倒三角形、长方形、椭圆形、梯形等。服装的廓形可以由一种字母或几何形构成，也可以由多个字母和几何形的组合搭配构成。

人体是一个多平面、多角度的立体形态，是由无数个面、体组合而成的。从不同的角度观察，人体也表现出不同的视觉形态。因此，在服装设计中，既要考虑服装合体性，还要注意协调各部分体、面之间的大小比例关系，使之趋于和谐与优美。

a）A形　b）H形　c）X形　d）O形　e）Y形

图 2—20　服装中常见的几种廓形

第二节　肌理要素

肌理是物体的材质特征和表面构造。在形象设计中，需要借助各种不同肌理的材质来表现柔和、坚硬、光滑、粗糙等质感。不同材质的运用能达到不同的设计效果，而同一物品由于其表面肌理不同所呈现的设计效果也截然不同。因此，必须了解一些关于肌理的常识，才能在设计中灵活运用材质的特性，达到最佳设计效果。

一、肌理的美感

肌理能体现出材质特有的美感，通过不同材质的组合运用能丰富造型的细节，还能加强造型的层次感和立体感。肌理的美感通常表现在四个方面，即纹理、光泽、质地和质感。

1. 纹理

物体表面的花纹或线条，有天然纹理和人工纹理之分。例如，原木家具上的木纹属于天然纹理，而印染布料上的花纹则属于人工纹理。

2. 光泽

光泽是指物体表面上反射出来的亮光。按物体的性质分，有金属光泽和非金属光泽之分。例如，不锈钢餐具表面所散发的光泽属于金属光泽，而玻璃表面所散发的光泽属于非金属光泽。按物体反光能力的强弱分，可分为无光泽和有光泽的。例如，棉、麻织物的表面是无光泽的，而丝绸的表面是有光泽的。

3. 质地

质地是指物体的性质或结构。例如，人们通常会用质地细密来形容内部结构紧实或表面光滑的物体，而用质地疏松来形容内部结构松散或表面粗糙的物体。可见，质地的变化会带给人不同的感受。一般物体表面的质地有粗糙与光滑之分，而物体的内部质地有疏松与紧实之分。

4. 质感

质感是指物体表面质地带给人的心理联想。例如，木材质地会给人以自然、质朴、轻松之感；钢材质地则会给人以现代、科技、冰冷之感；塑料质地给人以细腻、光滑、廉价之感；玻璃质地给人以明亮、脆弱、轻盈之感；铝材给人以白亮、明丽、平滑之感；而毛绒质地给人以柔软、温暖、亲近之感等。

二、肌理在形象设计中的审美表现

1. 材质美

材质美是指材质本身质地所展现出来的美感，在设计者的眼中，材质美也是对材料本身的审美价值的重新认识和提高。在设计过程中，设计者寄情于物，以表达内心情感，当材质的自身特性与设计风格、时代审美达到统一时就能将材质的美感发挥得淋漓尽致。如图 2—21 所示，用水钻点缀的妆面给人以晶莹剔透、璀璨华丽的视觉印象。同时，水钻质地的优劣也决定着设计作品的品质。

图 2—21　水钻的美感

趣味阅读

关于水钻的常识

水钻，又名水晶钻石、莱茵石，其主要成分为水晶玻璃。最初，常用于饰品设计中，后来也用于服装、妆容及美甲设计中。这种材料能给人以钻石般绚丽夺目的印象，因此受到大众的喜爱。

水钻的亮度取决于切割面的多少，切面越多，亮度也就越好。质地优良的水钻有施华洛世奇（也称为奥钻）、捷克钻、中东钻几种，其中施华洛世奇是世界上首屈一指的水晶制造商，它的切割面可多达三十面，能折射更多光线。因其硬度强，光泽持久，被誉为水钻中的佼佼者。捷克钻仅次于奥钻，它的切割面一般有十几面，折射效果较好，光泽保持在三年左右。中东钻是一些厂家为了迎合市场，以低成本制造的水钻，品质低于捷克钻。

2. 形式美

形式美是指构成事物的物质材料的自然属性及其组合规律所呈现出来的审美特性。形象设计中的肌理具备了较强的形式美感，如不同的服饰面料所持有的质感、配饰配件表面所呈现的肌理质感、皮肤表面的自然纹理、头发及毛发所形成的天然纹理或人为打造出的层次感、不同的化妆品所表现出来的肌理特征等，都从形式美感方面满足了人们的视觉审美需求。如图 2—22 所示，对材质原有形态的加工与再造，能创造出新颖、独特的新造型。

图 2—22　材质再造后的美感

3. 联想美

物体表面所呈现出的肌理会使人们根据生活和社会经验产生一定的联想，如表面光洁细腻的肌理给人以华丽、薄脆之感；表面平滑而无光的肌理给人以安宁、含蓄之感；表面粗糙而有光的肌理给人以沉重、生动之感；表面粗糙而无光的肌理给人朴实、厚重之感，等等。

三、形象设计中不同肌理的特征

为了在形象设计中能更好地应用肌理设计要素，首先要对与形象设计相关的一些肌理特征有个初步的认识。与形象设计有关的肌理特征包括皮肤的肌理特征、头发的肌理特征、面料的肌理特征及各种服饰配件的肌理特征等，其中皮肤、头发、面料的肌理特征对形象设计的整体效果影响最大。

1. 皮肤的肌理特征

皮肤肌理是指皮肤表面的纹理、质感是平滑还是粗糙，是光亮还是不光亮，是柔软还是硬实等。皮肤肌理特征主要通过视觉或触觉来判断，是对肤色、状态、质感等的综合评价。通常从视觉上看光洁、白皙、水油平衡、毛孔不明显、纹理细致光滑的，用手抚摸给人以细腻、润滑并富有弹性的皮肤为最理想的皮肤。不同的皮肤肌理在形象设计中也会有不同的应用。例如，打造活力、青春的形象时，皮肤应表现出红润、有光泽的状态；打造优雅、沉稳的形象时，皮肤应表现出匀整、亚光的状态。特别值得一提的是，有一些特殊的皮肤肌理特征被设计师巧妙地加以利用后，能打造出让人过目不忘的特色个性妆容，如雀斑妆、晒伤妆等（见图 2—23）。

a）雀斑妆

b）晒伤妆

图 2—23　特殊的皮肤肌理打造出的个性妆容

从肌理特征来看，皮肤大致可以分为中性皮肤、干性皮肤、油性皮肤、混合性皮肤和过敏性皮肤五种类型。其中，中性皮肤光洁细腻，是最为理想的肤质；干性皮肤因缺水而干燥，缺少光泽感，易起皮屑；油性皮肤因出油而油亮，易起痘；混合性皮肤是干性皮肤与油性皮肤的混合体，即面部的“T”字部位及周边区域呈油性，而其他部位则呈干性；过敏性皮肤薄且脆弱，皮肤表面有明显的红血丝，易产生过敏现象。设计师会根据不同的主题有意强调某种皮肤的质感，以达到某种设计效果（见图 2—24）。

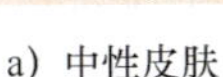

a）中性皮肤

b）干性皮肤

c）油性皮肤

图 2—24　几种皮肤类型的光泽表现

皮肤的肌理性状并非固定不变，随着年龄的增长，它逐渐呈现以下三方面的老化特征：一是弹性降低，皮肤松弛，线条与皱纹随之出现；二是皮肤干燥，油脂减少，表皮显得粗糙，眼袋明显；三是皮肤变薄，容易出现老年斑。

2. 头发的肌理特征

头发肌理是指头发的曲直、粗细、颜色、光泽等。从视觉上来判断，根据头发的曲直可分为三大类型：一是直发，包括硬直发、平直发、微波发等；二是波发，有宽波发、窄波发、卷波发等；三是卷发，有稀卷发、松卷发、紧卷发等（见图 2—25）。

a）直发

b）波发

c）卷发

图 2—25　头发的形态

根据头发的粗细程度不同可将其分为粗发、中等头发和细发三类，在触摸时，不同粗细程度的头发会带给人不同的感受（见表2—2）。

表2—2　头发粗细的肌理特征

头发分类	触感描述	质感描述
粗发	像羊毛	坚硬、粗糙
中等头发	像棉花	有韧性、柔和
细发	像丝绸	绵软、细腻

头皮油脂的分泌会影响头发的性状和光泽感的体现，根据油性程度可将头发分为中性、油性、干性、混合性及受损发质五种类型。其中，中性发质乌黑光亮，是最理想的头发；干性发质缺少光泽、干枯粗糙；油性发质滑腻油亮、易生头皮屑；混合性发质兼具干性发质与油性发质的特点，其表现为发根部比较油腻，而发梢处则比较干燥；受损发质干枯毛躁、不具光泽感。

而头发的颜色则是由黑色素决定的，就全世界范围来说，白色人种以浅发色为主，黄色人种与黑色人种以深发色为主。

3. 面料的肌理特征

面料肌理是指面料本身的纹理、色彩、图案和纹样。随着科学技术的不断发展，面料的种类越来越多，并不断有新的技术与面料研发出来，为方便区分与理解，我们将这些面料分为两大类，即纺织类和皮草类。

（1）纺织类

纺织类指运用一定的纤维，按照一定的方式编织而成的面料。在所有面料中，纺织类花样最多，运用最广。纤维成分和编织方法不同，纺织类面料的肌理特征也不相同（见图2—26a）。

1）麻织物　用麻纤维纺织加工的织物都称为麻织物。麻织物透气性好，凉爽，比较牢固，但抗皱性差。由于麻纤维很难整理均匀，这类织物的表面肌理特征是毛糙，不光滑，具有古朴、粗犷的外貌和风格，一般不宜用来设计高档服装。

2）棉织物　以棉纱为原料的织物都称为棉织物，其肌理特征是柔软舒适，保暖性强，吸湿性和透气性好，易皱。棉织物的风格朴实，一般不宜用来设计高档服装。

3）丝织物　用蚕丝或化纤长丝织成的织物都称为丝织物，其肌理特征是轻薄，有很好的悬垂感，外观轻柔典雅，雍容华贵，轻松飘逸，自古以来都是制作高档服装的理想面料。

4）毛织物　以羊毛或其他动物毛为原料的织物都称为毛织物，其肌理特征是厚实、挺括、温暖感强，是秋冬季节服装中常用的面料。

5）化纤织物　用化学纤维编织的织物都称为化纤织物，其肌理特征是密实、牢固、弹性较好，并具有不变形、易洗易干、不怕虫蛀、不怕霉烂等优点，但透气性、吸湿性、柔软性较差。

（2）皮草类

皮草是指以动物的皮毛为原材料制作而成的服装，根据其表面肌理特征的差异又将其分为毛皮与皮革两类。

1）毛皮类　是指动物自然生成的毛皮及花纹，通常带有光泽，外观蓬松、奢华、高贵，有暖感。不同动物毛皮给人的视觉与触觉是不同的。常见的有长毛、短毛、细毛、粗毛、直毛和弯毛等（见图 2—26b）。

2）皮革类　是指经特殊化学处理和工艺处理过的动物的毛皮，是人类最早的服装材料之一。皮革有光面皮与绒面皮之分，光面皮表面细致光滑，光泽丰满自然；绒面皮绒毛短密，均匀细致，光泽柔和，外观典雅大方（见图 2—26c）。

a）纺织类

b）皮草类——毛皮类

c）皮草类——皮革类

图 2—26　面料的肌理特征

四、肌理在形象设计中的改造和运用

当形象设计中的各种肌理符合设计要求时，只需利用肌理原有的美即可；当肌理不符合设计要求时，就要对原有肌理进行加工改造，灵活运用。

1. 皮肤肌理的改造和运用

（1）皮肤的保养

想要改善现有的皮肤肌理状态，首先要做好皮肤的保养，不同肤质的皮肤保养的方法也不尽相同（见表 2—3）。

表 2—3　不同类型皮肤的保养方法

皮肤类别	保养方法
中性	中性皮肤是最好的皮肤，要注意做好日常的清洁与护理，注意均衡饮食，保持健康的生活方式，使皮肤维持在平衡和健康的状态
干性	注意补充肌肤的水分、油分与营养成分。应选择具有补水、补油功效的护肤产品。要多做按摩，可以促进血液循环，加速皮肤的新陈代谢
油性	要注意做好皮肤的清洁，并选择质地清爽，具有补水、控油功效的护肤产品。要注意适当地去除角质，以利于营养成分的吸收。少吃油炸、辛辣等刺激性食物，以控制油分的过度分泌
混合性	要注意根据面部不同部位的皮肤状况分开保养 :T 区及周边部位需要控油补水，可适当地去除角质；而脸颊偏干的部位要全面补水，并注意适当补充油分和营养成分
过敏性	要注意找到过敏源并且远离它们。选择温和、无刺激并具有修复功能的护肤产品，由于皮肤表面的皮脂膜不健全，所以一般不建议去角质

（2）延缓皮肤老化

皮肤老化是自然因素或非自然因素所造成的皮肤衰老的现象，人类到达某一年龄就会开始退化，皮肤弹力纤维渐渐变粗，皮肤老化会慢慢显现，但老化程度是因人而异的。我们可以从内外两个方面对皮肤进行保养以延缓皮肤的老化。

1）内调　首先，养成健康的生活方式，如不吸烟、不酗酒，保证充足的睡眠，保持良好的心态等。其次，水是生命的甘露，也是保持皮肤滋润的关键。水分是保证细柔滑嫩皮肤的主要因子，如果缺水，就会引起皮肤干燥，增添皱纹。因此，为了健康美丽，切记要多喝水。最后，注意均衡饮食，并适量补充维生素、胶原蛋白、氨基酸等营养成分。

2）外护　首先，在日常皮肤护理中，补水保湿最重要。其次，应根据皮肤状态和年龄选择有针对性的护肤产品。最后，阳光中的紫外线是皮肤的杀手，它可以穿透皮肤到达真皮，直接影响皮肤细胞的生长。因此，选择具有隔离、防晒效果的护肤产品能为皮肤设立起一道保护屏障，减少紫外线对皮肤的伤害。同时，也要注意不要长时间地让皮肤暴露在阳光下。

趣味阅读

食物中的驻颜法

1. 西红柿中的番茄红素有助于淡化皱纹，使皮肤细腻光滑。每人每天食用 50 ~ 100 克鲜西红柿，即可满足人体对几种维生素和矿物质的需要，还能淡化黑眼圈。

2. 坚果是植物的精华部分，其中含有大量维生素 E，它能促进细胞分裂、再生，延缓衰老，恢复皮肤弹性。

3. 肉皮中富含胶原蛋白，能使细胞变得丰满，减少皱纹并增强皮肤弹性。

4. 蜂蜜中含有大量容易被人体吸收的氨基酸、维生素及糖类，常食用蜂蜜能使皮肤红润细嫩、有光泽。

5. 海带中含有丰富的矿物质，常食用海带能调节血液中的酸碱度，防止皮肤分泌过多的油脂。

6. 猕猴桃中富含维生素 C，可干扰黑色素生成，有助于消除皮肤上的色斑。

（3）皮肤皱纹的处理

皱纹被认为是衰老的象征，严重影响容貌。如何减少或减轻皱纹是形象设计中最常遇到的问题。皱纹形成的原因有很多，保养处理的方式也有所区别。

1）表情纹　表情纹是由于人们经常做出某种面部表情所导致的皱纹。例如，思考问题时喜欢皱眉的人，容易产生眉间纹；经常开怀大笑的人容易产生鱼尾纹；经常抬眉毛的人容易产生抬头纹等。想要淡化表情纹，除了要做好日常基础保养之外，还应适时做面部按摩，因其有助于舒缓紧张的肌肉，而适当地控制习惯性表情也有助于减少表情纹的产生。

2）老化纹　老化纹是由于年龄增长，人体皮肤的张力与弹性退化而产生的皱纹，例如，眼袋、嘴角纹等。长期坚持做好皮肤护理，补充胶原蛋白能减缓皮肤衰老，减少皱纹的产生。

2. 头发肌理的改造和运用

随着人们生活水平的提高，发型设计在整体造型中的作用越来越重要。多种造型产品与造型工具的出现使得头发具有很强的可塑性。科学使用美发处理手段，

可部分或全部地改造头发的肌理，使头发达到发型设计的预期效果。

（1）头发在水、热、酸、碱、硫、氨和器具施压的拉、压等化学和物理作用下具有较强的变形能力，能使头发的外观形状发生改变。

（2）运用氢、氧等化学元素能改变毛发麦乐宁色素比例，能使头发的颜色与光泽发生变化。

（3）运用梳、剪、卷、烫、吹、盘、束等技法能改变头发的长短、曲直、软硬等外观状态。

（4）运用发胶、发蜡、摩丝、发油、啫喱、蓬松粉等各种饰发产品，能够帮助头发定型，改变头发表面的光泽与质感。

3. 面料肌理的改造和运用

面料肌理的改造也称为面料的二次设计及后期整理，是在原有面料的基础上以不同的手段进行改造或采用一定的技术处理方式，使之在质感、形态上有一定的变化，改善面料的外观和手感，增强面料的使用性能。面料肌理的改造方法（见图 2—27）一般分为增型处理、减型处理及综合处理。

（1）增型处理

使用单一的或两种以上的材料在现有面料上进行缝、补、绣、黏合、热压等工艺操作，形成立体的、多层次的设计效果。

（2）减型处理

对现有面料进行破坏，常见的手法如镂空、烧花、抽花、剪切、磨砂等，形成错落有致、亦实亦虚的效果。

a）增型处理

b）减型处理

c）综合处理

图 2—27　面料肌理的改造方法

（3）综合处理

在面料改造的设计中采用多种加工手段进行面料的二次设计，如剪切和绣花、镂空与叠加同时运用等会产生丰富的视觉及肌理效果，这种表现手法也可使面料的表情更加丰富，效果更加多变。

4. 形象设计整体肌理感的协调

人们常常会发现一些青年演员在饰演老年人形象时，虽白发苍苍却仍旧细皮嫩肉；或上年纪的演员扮青年角色时，无论怎样施粉染发，终究遮不住老年化的痕迹。这都充分说明，在整体形象设计中，想要达到最终完美和谐的设计效果，肌理的整体和谐是很重要的一个因素。只有充分考虑整体形象肌理感的协调统一，才能塑造出富有美感而又自然的形象。

在形象设计的实际应用中，想要从整体上达到肌理感的和谐，就必须从化妆、发型、服饰等多方面来考虑。包括：

（1）化妆材料的质地应与服饰材料质地相协调。例如，当服饰的面料轻而薄时，化妆时就应选择浅色而质地薄的粉质化妆品。

（2）服饰面料与服饰配件肌理感应协调。例如，由大颗粒组成的粗型项链一般在穿羊毛衫、套裙时佩戴；而穿着真丝连衣裙时，搭配一串中细型项链，将会显得柔和、温文尔雅；当身着高贵优雅的丝绸质地的衣裙时，配上一款有着同样柔和质地的手袋，整个人会显得非常高雅，若配上一款粗麻制品的提包，就会显得不伦不类。

（3）肤色、发型、发色应与整体肌理感相协调。如肤色较深，发型卷曲蓬松，发色呈暖色，且颜色较深时，则服饰一般宜选用厚重的材料，可以尝试一下毛料织物，如马海毛、开司米等；反之，若肤色较浅，头发较直而且发色较浅，那就要远离质地厚重的材料，因为这种材料会破坏雅致的外观形象。

第三节　色彩要素

人类生长在一个充满色彩的世界里，五彩缤纷的色彩让一切都变得绚丽生动。物象由光线照射通过瞳孔进入视网膜，经过视神经系统分析后转化为神经脉冲，再传达到神经中枢，便使人产生了色彩感觉。在视觉上，最能影响人的情绪的就是色彩，它是一种容易激发人们心理联想和情感共鸣的因素。

一、色彩的基本原理

1. 色彩的类别

光是色彩之源，人眼可以分辨出的颜色多达 1 000 多种，如果要区分所有色彩或是记住它们的名称是非常困难的。因此，为了能规范化地理解和记忆，色彩学家根据其特性将色彩分为两大类，即无彩色和有彩色。

（1）无彩色是指黑、白以及黑白以不同比例调和而成的灰色。色彩学上称为黑白系列（见图 2—28a）。

（2）有彩色是指红、橙、黄、绿、蓝、紫六种基本色，及基本色之间调和出的色彩，还包括基本色与不同量的黑、白、灰色之间混合的色彩（见图 2—28b）。

a）无彩色

b）有彩色

图 2—28　色彩的两大类别

由上述定义可知，除无彩色以外的所有颜色都统称为有彩色。在有彩色中红、黄、蓝是三原色，这是因为这三种颜色是不能通过其他颜色的混合调配出来的，而橙、绿、紫属于间色，是由三原色等量调配而成的颜色（见图 2—29）。

2. 色彩的基本属性

当三种原色放在一起时，最醒目的是黄色，因为它看起来最明亮；然后是红色，因为它看起来最鲜艳；最后是蓝色，因为它看起来相对暗淡。这种差异化感受是由于色彩属性引起的。色彩有三种属性：色相、明度和纯度。

图 2—29　原色和间色

（1）色相

色相即色彩的相貌、名称。如红、橙、黄、绿、蓝、紫等就是人们为了区分色

彩而给出的命名。当我们提到其中一种色彩的名称时，就会有一个特定的色彩印象，这就是色相的概念。

在六个基本色相之间各添加一个中间色，将其按照色彩的相邻顺序排列，分别为：红、橙红、橙、橙黄、黄、黄绿、绿、蓝绿、蓝、蓝紫、紫、紫红十二色相。如果在每两个相邻的色相之间再加入一个中间色，就可以得到二十四色相。如果将这十二或二十四种色彩首尾相连就形成环形的色彩关系，即色相环（见图 2—30）。

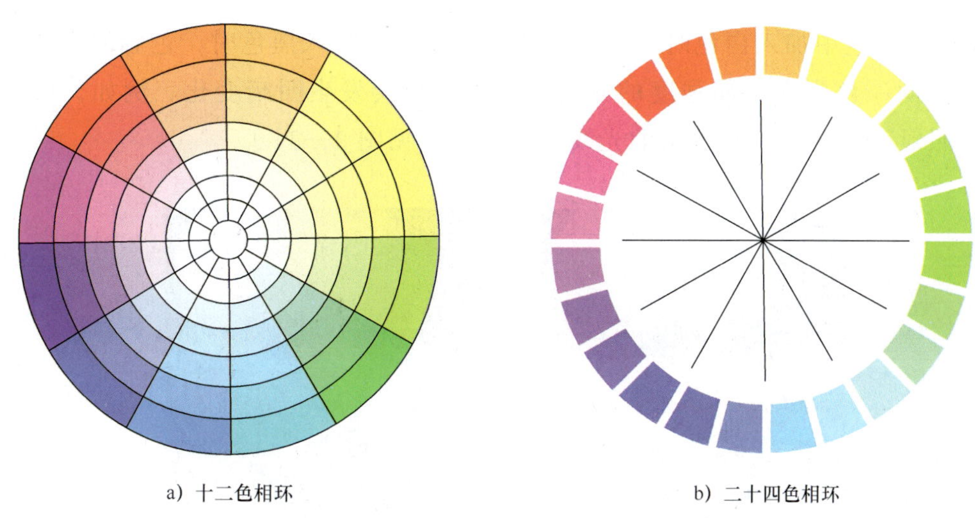

a）十二色相环　　b）二十四色相环

图 2—30　色相环

在色相环中，色相的对比是指将两个或两个以上的不同色相的色彩搭配在一起所产生的色相差。有彩色之间的对比分为同类色对比、临近色对比、类似色对比、中差色对比、对比色对比和互补色对比共六种方式，而色相对比的强弱和感受则取决于色彩在色相环上的位置（见表 2—4）。

表 2—4　色相的对比类型及效果

类型	色相距离	效果
同类色对比	15° 以内	具有单纯、柔和、高雅、和谐、统一的效果
临近色对比	30° 左右	具有平静、含蓄，整体统一的效果
类似色对比	60° 左右	给人以协调的感受
中差色对比	90° 左右	给人以活泼、明朗、色相明确的感受
对比色对比	120° 左右	给人以鲜明、动感、丰富的感受
互补色对比	180° 左右	给人以刺激、兴奋的感受，视觉冲击力强

（2）明度

明度即色彩的深浅、明暗程度。在色彩三要素中明度起着重要的作用，它能丰富层次，表现空间感和立体感。色彩一旦有了明暗关系，就能给人以节奏、韵律变化的美感。

在无彩色系中，白色的明度最高，黑色的明度最低，中间是一段从亮到暗的灰色系列。在有彩色系中，黄色的明度最高，蓝紫色的明度最低；红、绿为中间明度，蓝色为中低明度。

在同一颜色中加入白色时，色彩的明度会变高；加入黑色时，色彩的明度就会降低。而同一色彩在不同强度的光线照射下，也会发生明暗变化。例如，口红在强光的照射下会变浅，在昏暗的光线下会变深（见图 2—31）。

a）在强光下

b）在昏暗光线下

图 2—31　口红色在不同光线下的变化

（3）纯度

纯度即色彩的鲜艳、鲜明程度，凭视觉能辨认出的有色相感的色彩都具有一定的纯度。

当色相环中任意一种颜色加入其他颜色或黑白时，纯度就会发生变化。例如，在绿色中加入白色时，它的明度会升高，纯度会降低，变成淡绿色；当在绿色中加入黑色时，它的明度会降低，纯度也会降低，成为暗绿色；当在绿色中加入明度相似的中性灰时，它的明度没有改变，纯度降低了，成为灰绿色。

由此可见，色彩纯度的变化十分微妙，加入任何一种颜色都会降低色彩的纯度。同时，纯度还会受到明度变化的影响，明度越高纯度越低，明度越低纯度也越低。高纯度的颜色有较强的视觉冲击力，给人以华美的感觉，如大红、翠绿等。低纯度的颜色细腻含蓄，给人一种质朴的感觉，如粉绿、土黄等。

色相、明度、纯度是色彩中最重要的三个要素，也是构成色彩最基本的要素。它们有各自鲜明的特点，且相互依存、相互制约。任何一个要素的变动，都会影响色彩原来的面貌。

趣味阅读

色立体

色相环可以表达色彩之间调配变化的关系，但还不能使色彩三要素(色相、明度、纯度)之间的关系得以充分展现。而色立体是借助三维空间来展示色彩三要素之间变化规律的色标模型。

它的结构类似于地球仪的形状，连接南北两极贯穿中心的轴为明度标轴，北极为白色，南极为黑色，中间为正灰色，南半球为深色系，北半球为明色系，球表面为清色系，球心为含灰色系（浊色系）。

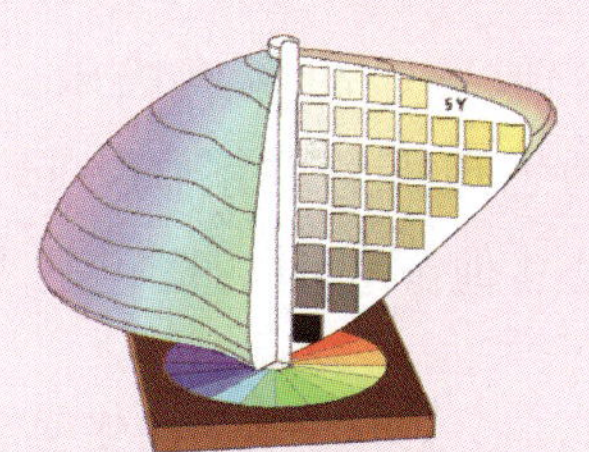

3. 色彩的表情

表情，原指人的面部因情绪变化而产生的喜怒哀乐状态。借喻到色彩上，即指色彩包含的丰富含义。人们对色彩赋予的或褒或贬或中性的意义，都是人类将自己的思想、情感移情于色彩对象的结果。在不同的文化背景下，针对同一种色彩对象会产生各异的心理感悟。

（1）红色表情

红色是三原色之一，在高饱和情形下，它能够向人们传递出热烈、喜庆、吉祥、兴奋、庄重、激情、敬畏、残酷、危险等心理信息。

当红色中加入白色、黑色、灰色后，会演变成为粉红色序、深红色序、灰红色序。当同一色彩的明度和纯度发生变化后，其带给人们的心理联想与感受也不相同（见表2—5）。

表 2—5　　红色的变化带来的不同心理寓意

色彩效果	心理寓意
正红 + 白 = 粉红色序	常给人以女性味道十足的心理感受，如浪漫、妩媚、婉约、温存、甜蜜、娴静、愉快、梦幻、娇柔、健康等
正红 + 黑 = 深红色序	传达出高贵、温暖、端庄、安详、宽容、沉稳、忠厚、诚实、苦涩、烦恼、悲伤、枯萎等思想寓意
正红 + 灰 = 灰红色序	传达出柔软、含蓄、温和、安详、成熟、忧郁、徘徊等思想寓意

（2）橙色表情

橙色处于饱和状态时，是属于一种积蓄了无穷能量的颜色，故而多与光明、华丽、富裕、丰硕、成熟、甜蜜、快乐、温暖、辉煌、丰富、富贵、冲动、没落、邪恶等千差万别的思想寓意联系在一起。

当橙色中加入其他颜色时，橙色的变化带来了不同的情感表达（见表 2—6）。

表 2—6　　橙色的变化带来的不同心理寓意

色彩效果	心理寓意
橙 + 白 = 浅橙色序	当橙色加白淡化为浅橙色序时，呈现出象牙色、奶油色等。这类颜色常富于细腻、温和、香甜、祥和、精致、温暖等令人舒心惬意的色彩情调
橙 + 黑 = 深橙色序	当橙色加黑呈现出深橙色序时，它给人缄默、沉着、安定、拘谨、腐朽、悲伤等不尽相同的心理感受
橙 + 灰 = 灰橙色序	当橙色加灰柔化成灰橙色序时，可呈现出类似于烤烟的棕色，具有优雅、含蓄、自然、质朴、亲切、柔和等色彩情调； 当橙色中加入过量的灰色时，会流露出灰心、消沉、失意、衰败、没落、昏庸、迷惑等消极意味

（3）黄色表情

黄色是三原色之一，拥有非常宽广的象征领域。当黄色呈现最鲜艳的色彩强度时，它向人们揭示出光明、纯真、活泼、轻松、智慧、幼稚、高贵、嫉妒、藐视、诱惑等错综复杂的意味。

当黄色中加入其他颜色时，色彩的变化带来不同的情感表达（见表 2—7）。

表 2—7　　黄色的变化带来的不同心理寓意

色彩效果	心理寓意
黄 + 白 = 浅黄色序	当黄色加白淡化为浅黄色序时，如鹅黄、米黄等，给人文静、轻快、安详、洁净、香脆、幼稚、虚伪等印象
黄 + 黑 = 黄黑色序 黄 + 灰 = 黄灰色序 黄 + 紫 = 黄紫色序	当黄色中加入黑、灰、紫色生成如苍黄、焦黄、土黄等色时，会丧失黄色特有的光明磊落的品格，表露出卑鄙、嫉妒、怀疑、背叛、失信及缺少理智的阴暗心理，同时也容易令人联想到腐烂或发霉的物品

（4）绿色表情

通常纯正的绿色多蕴涵和平、生命、青春、希望、轻松、舒适、安逸、富饶、公正、平凡、平庸、嫉妒等意味。

当绿色中加入其他颜色时，色彩的变化带来不同的情感表达（见表 2—8）。

表 2—8　　绿色的变化带来的不同心理寓意

色彩效果	心理寓意
绿 + 白 = 浅绿色序	绿色加白淡化成浅绿色序时，会表露出宁静、清淡、凉爽、舒畅、飘逸、轻盈等感觉
绿 + 黑 = 深绿色序	绿色加黑色转化为深绿色序时，呈现出苍翠、茂盛的大森林的颜色，如深绿、橄榄绿、黛绿、墨绿等，能引发富饶、兴旺、幽深、古朴、沉默、隐蔽、安全、忧愁、刻苦、自私等联想

续表

色彩效果	心理寓意
绿 + 灰 = 灰绿色序	绿色加灰柔化为灰绿色序时，包括诸如银松、石板等色，则使人联想到古典、优雅、朴素、精巧、迷惑、庸俗、腐朽等
绿 + 蓝 = 绿蓝色序	当绿色加蓝色并呈现出蓝绿色序时，便宛如晶莹的宝石，显示出神秘诱人的色彩力量。令人联想到年轻、纯洁、永恒、权力、端庄、珍贵、深远、酸涩等

（5）蓝色表情

一般情况下，高饱和度的蓝色蕴涵理智、深邃、博大、永恒、真理、信仰、尊严、朴素、权威、保守、冷酷、空寂等含义。

当蓝色中加入其他颜色时，色彩的变化带来不同的情感表达（见表 2—9）。

表 2—9　　蓝色的变化带来的不同心理寓意

色彩效果	心理寓意
蓝 + 白 = 浅蓝色序	蓝色加白淡化成浅蓝色序时，使人联想到晴空万里时的天空或冰天雪地的颜色，蕴涵着轻盈、清澈、洁净、透明、纯正、卫生、清爽
蓝 + 黑 = 深蓝色序	蓝色加黑转化为深蓝色序时，呈现出神秘莫测的宇宙与深海的颜色，常常向人们暗示出朴素、稳重、深远、智慧、老练、严谨、孤独、静谧、不朽的意境
蓝 + 灰 = 灰蓝色序	蓝色加灰而柔化为灰蓝色序时，则会使人联想到细腻、内向、质朴、愚拙、沮丧、无知等

（6）紫色表情

通常饱和度极高的紫色承载着人类高贵、庄重、虔诚、梦幻、冷艳、神秘、压抑、傲慢、哀悼等思想意识。

当紫色中加入其他颜色时，色彩的变化带来不同的情感表达（见表 2—10）。

表 2—10 紫色的变化带来的不同心理寓意

色彩效果	心理寓意
紫 + 红 = 红紫色序	紫色加红呈红紫色序时，形成大胆、开放、娇艳、温暖、甜美等心理感受
紫 + 白 = 浅紫色序	紫色加白淡化成浅紫色序时，显示出优美、浪漫、梦幻、妩媚、羞涩、清秀、含蓄等心理意象，是少女花季时节的代表色
紫 + 黑 = 深紫色序	紫色加黑成为深紫色序时，呈典型的茄子及葡萄的颜色，这类色彩中渗透着珍贵、成熟、神秘、深刻、忧郁、悲哀、自私、痛苦等抽象寓意

（7）白色表情

白色是复合光的色彩，其固有的一尘不染的品貌特性，使人们常能从中得到纯洁、神圣、清白、朴素、光明、洁净、坦率、正直、无私、空虚等思想启迪。

当在白色中适宜地掺加微量其他鲜艳颜色时，不仅仍然可以保持其白净透亮的质感，而且由此可以产生一系列富于柔和、轻盈、浪漫、新鲜、朦胧、诗意等超然意味的系列，如浅黄、浅绿、浅红等。

（8）黑色表情

黑色是无光时的颜色，与明亮而扩张的白色相比，阴暗而收敛的黑色多呈现出力量、严肃、永恒、毅力、谦逊、刚正、充实、忠义、神秘、高贵、意志、保守、哀悼、黑暗、罪恶、恐惧等意味。

黑色在与其他色彩组合，特别是和纯度较高的色彩并置时，能够把这些颜色烘托与强调得既辉煌艳丽又协调统一，黑色也从中获取了自身的表现价值。然而，如果把黑色与铁灰、栗棕、褐色、海军蓝等色配合在一起，就会显得混浊含糊，缺少美感。黑色与任何一种色彩混合时，都会使对方外露出稳重沉着的表情特性，但同时也是破坏色彩原动力和穿透力，并使之消沉的“罪魁祸首”。

（9）灰色表情

作为一种典型化的中性颜色，正灰色是人类精神世界的一个独具异彩的符号载体，并被古今中外的人们赋予了多姿多彩的思想意识，诸如谦逊、沉稳、含蓄、优雅、平凡、中庸、暧昧、消极、灰心等。

灰色更多的是依赖邻接的颜色而发掘和外溢出自身的生命活力及色彩底蕴。如灰色与同为无彩色系的白色搭配时，能展露出一种气质不凡的稳重优雅；灰色与黑、白二色组合时，给人以永不过时的时髦印象；灰色与同样含蓄且明度靠近的有彩色系的颜色相配置时，则会显现出苍白乏力之态。灰色在与其他饱和度高的色彩调混时，会使它们呈现出含蓄柔润、丰富细腻的色彩意象。

趣味阅读

色彩的冷暖

色彩本身并无冷暖的温度差别，色彩的冷暖感受是人们在长期的生活实践中由于联想而形成的。例如，红、橙、黄色常使人联想到东方旭日和燃烧的火焰，因此有温暖的感觉，所以被称为“暖色”；蓝色常使人联想到高空的蓝天、阴影处的冰雪，因此有寒冷的感觉，所以被称为“冷色”；绿、紫等色给人的感觉是不冷不暖，故被称为“中性色”。色彩的冷暖是相对的。在同类色彩中，含暖意成分多的较暖，反之较冷。

4. 光与色彩的关系

色彩是以光学发展为基础的一门学科，1666 年牛顿在暗室中将一束光透过三棱镜照射到白色纸板上，在纸板上得到了一段从红到紫像彩虹一样的虹状光，这就是著名的三棱镜色散实验，它为色彩学的发展奠定了一定的基础。同时也得出了一个结论：光是由七种不同颜色的光组合而成的（见图 2—32）。

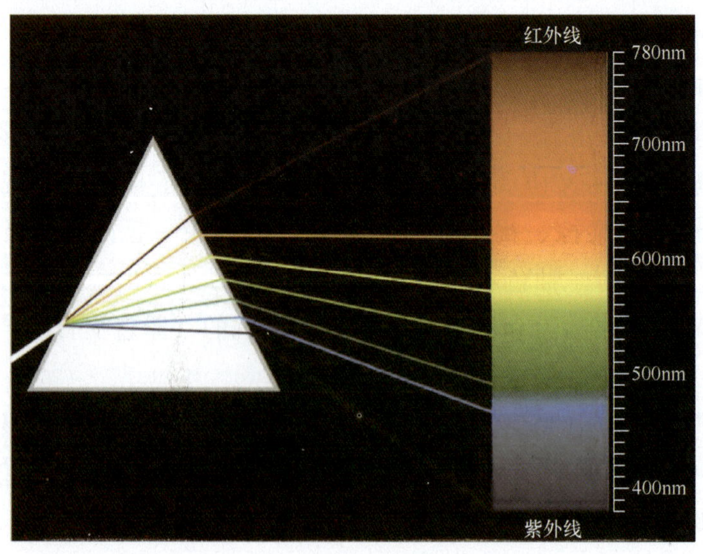

图 2—32　光在三棱镜下的表现

我们把自身发光的物体称为光源。而光源又分为自然光源和人造光源，其中人造光源可呈现出缤纷的色彩，如城市夜晚绚丽的霓虹夜景。灯光对于色彩的影响非常大，在不同颜色的灯光下，同一色彩会出现不同程度的偏色。所以，想要运用好色彩，就必须了解一些光色变化的常识（见表 2—11、图 2—33）。

表 2—11　　服装色在不同色光下的变化

色彩＼光源	红色光	黄色光	绿色光	蓝色光	紫色光
红色	鲜亮	红橙	变暗 / 混浊	偏紫红 / 变暗	紫红
橙色	橙红	偏橙红	变暗 / 混浊	混浊	变暗
黄色	橙黄	变鲜亮	变黄绿	混浊	变暗
绿色	变暗	黄绿	变鲜亮	蓝绿色	混浊
蓝色	变暗 / 变深	变深绿	变暗 / 混浊	鲜亮	混浊
紫色	紫红	变暗	变暗	蓝紫	变鲜亮

图 2—33　色彩在不同光源下的变化

二、个人色彩类型的定位

1. 肌肤类型的定位

从生理学的角度探析，人类的肤色主要由皮肤下的红色素、黄色素和黑色素组成，每个人皮肤所释放的上述三种色素数量因受遗传基因的影响而比例不同，这便形成了不尽相同的肤色倾向。例如，当一个人皮肤中的黑色素比其他两种色素释放量大时，其呈现的肤色必然是偏黑的颜色，这也是非洲人为何肤色黝黑的缘故。而欧洲人皮肤之所以呈白色就是因为其皮肤释放黑色素较少。基于此理，人类学家把人类分为黑、白、黄、棕四种人种。东方人尽管被统称为“黄种人”，但其皮肤色质也是千差万别，各具特色。细究起来，在整体倾向黄色调的前提下，东方人的肤色大致可归并为偏白、偏黄、偏红、偏黑四大类（见图 2—34）。

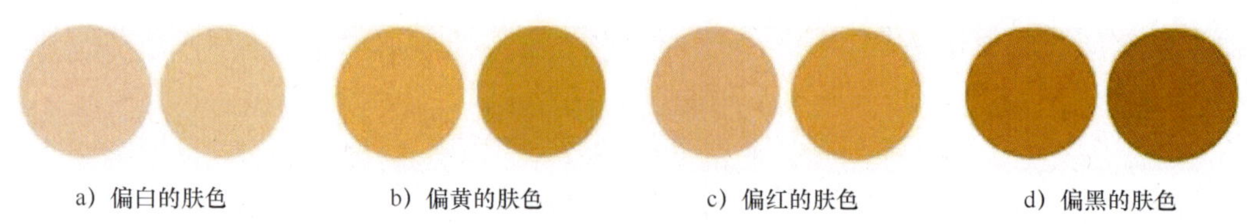

a）偏白的肤色　b）偏黄的肤色　c）偏红的肤色　d）偏黑的肤色

图 2—34　东方人肤色参照卡

通常，寻找肤色类型的基本方法是在自然光和不带妆的情况下，通过色彩三属性（色相、明度、纯度）综合分析皮肤的天然色彩，或将肤色与以上图片中的色彩相对比，找到与之最接近的色彩类型。

2. 个人色彩系统应用实例

在对色彩基本原理、肤色类型定位等方面的基础知识有了一定的了解后，就可以肤色和发色为参照来对有不同肤色和发色的人进行色彩定位的实例分析。下面以亚洲女性为设计对象进行分析。根据不同肤色和发色的特点，可以把亚洲人大致分为七种类型。

（1）乌黑的头发、乳白色的皮肤

特征：一般来说，这种类型女性的皮肤底色为粉色，皮肤色调为冷色，其肤色也可能是象牙色、浅橄榄色或略显黄色，最明显的特征是黑色或深暗色的头发。不管是纯黑色、柔黑色还是略带红色的酒黑色，都与其白皙肤色相映衬，使她看起来引人注目、高雅贤淑。由于要与其皮肤的冷色调搭配得当，这一类型女性的颜色系统应定位为冷色。在运用此颜色系统时，应同时包括非常浅和非常深的颜色，以便与其对比强烈的外观相配合。即此种类型女性的最佳色彩包括底色为冷色调的颜色，以及那些明度很浅或很深的鲜明的颜色。

最佳色彩组合：黑色和白色、紫红色和黑色、粉色和海军蓝、绿松石色和蓝色。

最佳化妆色：紫红、玫瑰粉、浓蓝红色或晚樱紫粉。

最佳金属饰物：银、铂。如果皮肤色调为轻微的黄橄榄色，也可以佩戴金饰物。

不适合搭配：不要穿以黄色为底色的服装，如驼色、铁锈色、米色或柔和色调；不要佩戴木制、铜制的首饰。

（2）蓝黑色头发、粉色到黄色的皮肤

特征：皮肤色调的底色从粉色到黄色，色调范围包括从冷色的瓷色到较暖的发金黄青铜色。如果皮肤为白皙色调，由于肤色与极深颜色头发的强烈反差，整体外观呈对比强烈的效果。如果皮肤的色调为发金黄的青铜色，那么外观的对比强度不大。这一类型的颜色系统是有着浓暗色度颜色的冷色调，纯净而且强度大。正因为这样，这些颜色与引人注目的深色头发相得益彰。

最佳色彩组合：紫色和淡紫色、黑色和焦煤灰色、湖蓝和松树绿。

最佳化妆色：粗糙型的眼影，深红色、深蓝红色、自然色、淡紫粉色或玫瑰红的口红和指甲油。

最佳金属饰物：银、铜。

不适合搭配：不要穿以暖黄色为底色的服装，例如棕色、南瓜橙、酸橙绿色或米色，而且不要使用冰霜状的眼影或口红，或穿闪光的织物。

（3）黑灰、黑白相间的头发、橄榄色的皮肤

特征：这种类型的女性的颜色大部分可归入中等色范围，属于冷色调而且趋于柔和。她们多为成熟女性，比较喜欢不强烈的、偏土灰色的颜色。而事实上，橄榄色的皮肤允许穿一些明快活泼的颜色。

最佳色彩组合：翡翠绿和紫色、薰衣草色和海军蓝、焦煤灰色和红色。

最佳化妆色：玫瑰色和紫红色的口红及指甲油。

最佳金属饰物：银、金。

适合搭配：选用金饰物作为配件时要远离脸部，而选用银饰物时则要靠近脸部。

不适合搭配：不要穿着柔和的暖色衣服，例如铁锈色、橄榄绿或芥末色。

（4）银色或白色的头发、冷色调的皮肤

特征：银色或白色的头发使其外观呈冷色调、弱对比。皮肤色调为冷色调粉色、象牙色或黄橄榄色。冷色调、以蓝色为基调的清淡柔和色为该类型颜色的主体。

最佳色彩组合：焦煤灰色和浅蓝色、暗红色和薰衣草色、绿松石色和白色。

最佳化妆色：朦胧的粉色、兰花色、灰玫瑰色、柔淡紫色的口红、腮红和指甲油。

最佳金属饰物：银和铂。

适合搭配：单色组合，例如紫色和薰衣草色。

不适合搭配：避免穿着以黄色为底色的颜色，例如黄绿色、泥土色调的颜色、金色或铜色。

（5）浅棕或浅红棕色的头发和粉色或黄色的皮肤

特征：这种肤色范围为从极冷色调的瓷色到暖色调的桃红或浅黄米色。头发为浅棕色或浅红棕色，总体外观呈暖色。白皙的皮肤与浅棕色头发之间对比较弱，这种类型的颜色系统也是浅色的暖色调，包括明度较浅的从暖色到微暖色的各种颜色，这些颜色明亮、鲜艳又清爽。

最佳色彩组合：暗灰色和桃红、深橄榄绿和珊瑚红。

最佳化妆色：以黄色为底色，颜色包括珊瑚红、鲜肉色、桃红、珊瑚玫瑰色和杏色。

最佳金属饰物：发亮的金饰。

适合搭配：为了取得强对比、引人注目的效果，应将深色和浅色搭配起来，并使浅色靠近脸部。

不适合搭配：不要穿色调强烈或靛蓝色调的衣服，不要选用以蓝色为基调的化妆品。

（6）暖棕色的头发、浅黄米色或黄橄榄色的皮肤

特征：这种类型与第五种类型相似，区别在于此种类型的女性皮肤更具暖色，而且头发的颜色可至深棕。这种类型的颜色系统为暖色调，色彩鲜艳而强烈，如活泼的橙红色、草绿色和黄色。

最佳色彩组合：紫色和黄色、靛蓝色和绿松石色、红色和海军蓝、玫红色和紫罗兰色。

最佳化妆色：红色和各种深玫瑰色。

最佳金属饰物：金和黄铜。

适合搭配：由于可以穿范围很广的红色，因此要确保所穿的红色与化妆品搭配和谐。

不适合搭配：不要穿清淡的颜色，如冰蓝、浅灰和薄荷绿；不要选用冰霜状的口红，不要选用冰状清淡颜色作为化妆色。

（7）深色的头发、青铜色的皮肤

特征：这种类型的女性皮肤色调较深，呈发金色的青铜色；发色从橙棕色至黑色，其颜色系统应为很暖的中度深色。其中的蓝色、红色和绿色中都含有许多黄色，而黄色中又含有红色，因而显得更暖一些。

最佳色彩组合：红色和紫色、黄色和橙色、橙红色和蓝色。

最佳化妆色：有着暖而红的基调，包括纯红和铁锈红。

最佳金属饰物：金、铜。

适合搭配：为了取得更好的效果，可以在穿着深棕色套装时加上一些亮红色；

如果头发开始变灰，请从其颜色系统中除去各种棕色和黄色，再加入各种暖灰色，如中灰色至焦煤灰色。

不适合搭配：不要穿以柔和的冷色调或蓝色为底色的服装，例如，柔和的蓝色和绿色、浅灰色和丁香色；避免使用冰霜型的柔和色口红和指甲油。

总之，在形象设计的配色过程中，要因人而异，因为即使是同一类型的人也会有细微差别，只有多实践并在实践中不断思考，才能对不同的人的配色做到准确到位。

思考·练习

1. 尝试用生活中常见的材料，结合本节所学的点、线、面、体的构成方式，设计并制作出具有二维或三维效果的造型。请在栏目里写出三个例子。

设计元素	举例	生活元素	我想到的效果造型
点	用图钉组成的可爱发卡	1. ________ 2. ________ 3. ________	1. ________ 2. ________ 3. ________
线	用牙签制作的耳饰	1. ________ 2. ________ 3. ________	1. ________ 2. ________ 3. ________

续表

设计元素	举例	生活元素	我想到的效果造型
面	用纸制作的胸针 	1. ______ 2. ______ 3. ______	1. ______ 2. ______ 3. ______
体	用纸、小吸管、黄豆制作的房屋模型 	1. ______ 2. ______ 3. ______	1. ______ 2. ______ 3. ______

2. 想一想，以下材质运用哪种对应手法能制造出匀整的肌理效果？试着用线条将它们连起来。

布料	电刨
金属	砂轮
甲片	熨烫
木材	机械抛光
石材	磨锉

3. 想一想，以下材质运用哪种对应手法能制造出凹凸不平的肌理效果？试着用线条将它们连起来。

纸张	缝纫
塑料	刻刀
皮革	热处理
玻璃	折叠
石膏	烙铁

4. 请参照以下方式，依据个人色彩系统应用实例，搭配一款适合的人物形象。

图片	搭配方式
	肤色：偏白的粉色调皮肤 发色：黑色 服装色：黑色 化妆色：柔和淡雅的玫瑰粉色 饰品色：银色 搭配心得：采用了个人色彩系统应用实例的第一种搭配方式。模特的发色属于比较纯正的黑色；肤色属于明亮的、偏白的粉色调，总体看来倾向于冷色调。因而，选择了黑色的服装，配以同样倾向于冷色的、柔和的玫瑰粉的妆色，以及银色的耳钉。从色彩上做到了协调统一，体现出文雅淑女的设计效果
图片	肤色： 发色： 服装色： 化妆色： 饰品色： 搭配心得：

第三章　形象设计的审美法则

学习目标：

◆ 了解形象设计审美法则的具体内容，并能运用审美法则鉴别形象设计作品的优劣。

◆ 明确美的形式，并总结美的规律；通过课后不断练习，逐步提升审美情趣及审美素养，建立起全面、立体、完善的审美能力。

简单来说，形象设计的审美法则就是将形象设计对象的内容与目的除外，所涉及的关于美的形式的基本标准和形式法则，也是不同设计门类共同遵循的创造美的基本形式原理。

本章从目前艺术设计领域通用的“统一与变化”“对称与均衡”“节奏与韵律”“尺度与比例”和“视错”五个方面的审美法则入手，对形象设计涉及的形式美法则予以逐一介绍。

第一节 统一与变化

从历史上看，早在古希腊时期，毕达哥拉斯学派就曾提出“美是对立统一”的观点。随后，亚里士多德也提出了“美在于各种因素的统一”的思想。该理念经过各时期特别是文艺复兴时期（15世纪）和启蒙时期（18世纪）的美学家和艺术家的不懈探讨，形成了统一与变化法则，成为举世公认的认识美、创造美的基本原则。

一、统一与变化的概念

1. 统一的概念

统一是指画面诸要素间的内在联系。具体表现为形、色、材质、技法等要素的相同或相近。统一能产生和谐宁静、井然有序的美感。但过于统一，会显得单调、呆板、机械，缺乏生气。

2. 变化的概念

变化是指画面诸要素间的本质区别。具体表现为形、色、材质、技法等要素的差异，对比是变化构成的基本特征。变化能使人产生兴奋、新奇、丰富、活泼的感受。但变化过多，会显得杂乱、刺激、生硬、缺乏组织。

3. 正确把握统一与变化的关系

在形象设计中强调统一是非常重要的，否则将会给人杂乱无章的感觉。要注意整体形象风格、色彩、造型、材质的合理运用，使设计构思形成一种有序的章法，达到和谐统一的目的。

同时，我们所说的统一是相对而言的。这种统一是在多种形式形态的造型、色彩、材质的和谐对比中产生的。若是绝对的一致或统一，会使整个形象显得呆板、单调，毫无生气。

二、统一与变化在形象设计中的运用

在形象设计中，统一与变化的关系可以从两种不同的角度来理解，一种是在统

一前提下求变化，例如，在人物服装、化妆、发型、配饰的色彩与风格等统一情况下，以局部元素的变化展现出独特的设计元素。说得具体一些可表现在形、材质、技法等要素上的差异（见图 3—1a）。另一种是在变化的前提下求统一，例如，在人物服装、化妆、发型、配饰的色彩都不同的情况下，求得材质与风格的统一。从诸多的色彩变化中，找出贯穿始终的元素来形成新秩序，以达到人物形象的整体统一效果（见图 3—1b）。

a）统一中求变化

b）变化中求统一

图 3—1　统一与变化在形象设计中的运用

在形象设计中既要注重整体的变化与统一，也要在局部设计中遵循这项最基本、也是最重要的设计法则。就面部化妆而言，无论是形（如眉型、唇型、五官型的矫正）还是色（如底色、眼影色、面颊色、唇色等），都只有达到统一方可产生协调之美，若在此基础上加以微妙变化，即在统一之中有变化，譬如在眼影处略施一点与整体色调形成对比的眼影色，就会产生更高境界的审美情趣（见图 3—2）。

图 3—2　眼影与整体的变化与统一

第二节　对称与均衡

对称与均衡是一切造型艺术在进行形、色组合时应遵循的视重平衡的构成原则。它表明被组织的视觉形象要素的重力分布在画面中达到视重平衡的状态，而这种在造型艺术中的“重力”是视觉心理上的力的表现。

一、对称的概念与形式

1. 对称的概念

对称就是在审美对象中部引一条直线或定一个点，线或点的两侧不仅形状相同，而且距这条线或点的距离相等。在艺术表现方面，对称型适用于表现明快统一、井然有序、明确坚实、严肃神秘等风格。

对称是在传统设计中被大量采用的方法，左右对称的设计虽然缺乏动感和立体感，但具有安定、庄严、稳定、安静、平和的感觉，并且具有纯平面、简洁、井然静态的均齐美（见图 3—3）。

a）对称式发型

b）对称式妆容

图 3—3　对称在形象设计中的运用

2. 对称的形式

在对称的许多形式中，轴对称和中心对称是较为常见的两种形式。轴对称指以直线划分某图形，使其两边的部分完全相同，这条直线被称为对称轴，两边的部

分互为对称形态。中心对称是指一个图形绕着某一点旋转 180°，如果它能与另一个图形重合，那么这两个图形关于这个点对称（见图 3—4）。

a）轴对称

b）中心对称

图 3—4 对称的两种形式

趣味阅读

为了更好地理解和区分轴对称与中心对称的概念，我们来做一组关于对称形式的练习。

1. 下列图形中，哪些是轴对称图形？

2. 下列图形中，哪些是中心对称图形？

3. 下列图形中，哪些既是轴对称又是中心对称图形？

二、均衡的概念与形式

1. 均衡的概念

均衡就是指在特定的空间范围内，使形式诸要素间的视觉力感保持平衡关系，它是一种给人以自由稳定感的结构形式。例如，在一个画面中想要获得均衡感，就要使画面的上与下及左与右取得面积、色彩、重量等量上的大体平衡。

2. 均衡的形式

均衡的形式有三种：

（1）两侧不同体量的形态距离画面的支点远近不同，体量大的距支点近，体量小的距支点远，从而导致视觉的平衡（见图 3—5a）。由于不同体量的形态距支点距离相等而未达到视觉上的平衡（见图 3—5b）。

（2）两侧的形态和性质（如金属和木头、男和女、方和圆等）有区别，但如使其体量大体相等、黑白关系一致、类别属性相同、处于对称的位置，也可产生平衡感（见图 3—6）。

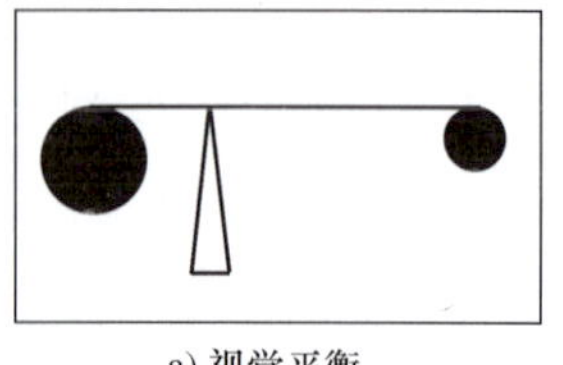

a) 视觉平衡

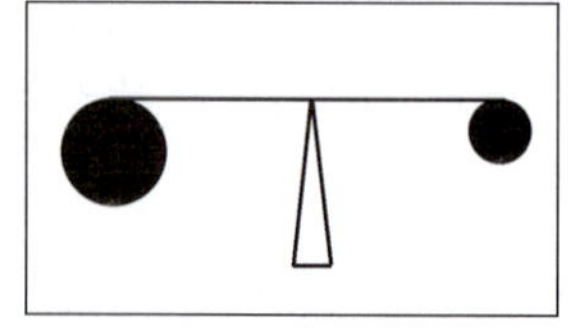

b) 视觉不平衡

图 3—5　均衡的形式（1）

图 3—6　均衡的形式（2）

（3）两侧形态的精彩醒目程度处理不同，可以使不同体量却又处于支点两侧相同位置的部分产生平衡感。

对称与均衡是平衡的两种表现形式，两种形式都是为了在视觉上取得平衡，以达到和谐，产生美感。

三、对称与均衡在形象设计中的运用

对称与均衡是形象设计中经常运用的形式原理。美国的一位化妆大师研究发现，凡是完美的面容都是近乎对称的。然而，现实中非常对称的面孔极少存在，这也是在化妆中所要弥补的。在总体对称的面容中，加一些变化往往会使面容显得更加生动，例如，辛迪·克劳馥面带一点黑痣的形象打破了传统的审美标准，表现现代审美概念的非平衡状态面孔开始风靡世界（见图 3—7）。

图 3—7　辛迪·克劳馥的一点黑痣

服装中的礼服类多采用对称的形态来表现庄重的气度。被称为我国“国服”的中山装就是完全对称的，它既借鉴了西洋服饰文化，又与中华民族的气质融合，加上近代革命的推波助澜和领袖人物的大力提倡，使其立于世界服饰之林。为了在服装设计中克服对称形式拘谨、单一的缺点，避免呆板、单调，创造生动活泼的气氛，人们往往通过切线、口袋、装饰物、面料与花色等方面的非对称形态与基本对称形态相结合，来增加变化和动感。如藏族男性的着装，常偏袒右臂，将右袖垂于腰右后侧，在不对称中求得相对的稳定感，创造一种新的平衡。

第三节　节奏与韵律

节奏与韵律是构成形式美的又一重要法则，主要通过引导观者的视线沿画面进行秩序移动，从而使观者视觉产生一种运动的愉悦感。

一、节奏与韵律的概念

1. 节奏的概念

节奏统指形、色合乎规律的周期性运动、变化。简而言之，就是相同的形象要素反复出现于同一画面之中的构成法则。节奏感强的发式造型能产生规整、稳重、恬静之感；服装中的装饰花边与褶裥的反复所产生的节奏，形成独特的情趣。

从构成的结构来划分，节奏可以分为以下六种类型：

（1）渐变的节奏，即同一因素由逐渐变化而形成的节奏。

（2）等差的节奏，即同一因素由等差比例而形成的节奏。

（3）旋转的节奏，即同一因素由旋转而形成的节奏。

（4）起伏的节奏，即同一因素由起伏而形成的节奏。

（5）等比的节奏，即同一因素由等比比例而形成的节奏。

（6）自由的节奏，即由同一种自由曲线的反复而形成的节奏。

2. 韵律的概念

韵律指对节奏给予的变奏性处理。如对同一形象元素做有规律的大小、长短、疏密、色彩、肌理等方面的艺术加工而构成的画面效果。对比与变化是韵律有别于节奏的标志。合理的韵律画面构成不仅富有运动的造型特质，而且更符合人们追求视感丰富的审美心理。

二、节奏与韵律的形式及其在形象设计中的运用

形象设计中节奏与韵律感的设计指运用某些造型设计要素进行有条理性、有次序感、有规律性的形式变化，从而使整体设计形成一种如同音乐的节奏与旋律一般的连续性的形式美感。这种贯穿节奏与韵律感的造型设计简洁却有着丰富无比的内涵，表现出变化统一的艺术规律。因此，形象设计中运用节奏与韵律时，常以形体的厚薄、线条、大小、形状、肌理、色彩等来表现。造型的节奏与韵律感的设计通常有三方面的内容。

1. 重复节奏与韵律

重复节奏与韵律是指将造型的要素做有规律的间隔重复，体现重复的节奏韵律美。在形象设计中，重复是常用的手段，同形同质的形态因素在不同的部位出现，同样的色彩和花纹的重复等，都会形成呼应。这种呼应通常通过以下两种方法来表现:

（1）相同因素外在形式的雷同。如皮带的材质与皮鞋的材质相同，帽子的色彩与裙子的色彩相同，提包的花纹与外套的花纹相同等，给人以统一的美感（见图 3—8）。

（2）相关因素内在情感、风格、气质上的一致。如穿旅游服配旅游鞋，穿晚礼服配高档首饰等。运用这种方法时要注意整体中各因素风格、气质的一致，

a）腰带与鞋

b）帽子与裙子

图 3—8　重复节奏与韵律在服装中的运用

如服饰的各种配件不仅自身之间要统一协调，还要与发型、化妆及个人的条件相协调。

2. 渐变节奏与韵律

渐变节奏与韵律是指造型设计呈现出具有数学计算的、渐次的、规律性变化的节奏韵律形式美。渐变是一种很微妙的表现形式，无论怎样极化的对立要素，只要在它们之间采用渐变的手段加以过渡，两极的对立就会很容易转化为统一关系。如色彩的冷暖之间、形状的方圆之间、体积的大小之间，都可以通过渐变的手法求得它们的统一。形象设计中多色、单色眼影与唇膏的效果一般都要通过渐变这种手法来实现。此外，在发型、服饰的设计中也多有此形式的运用（见图 3—9）。

a）装饰物的渐变　　b）色彩的渐变

图 3—9　渐变节奏与韵律在服装中的运用

3. 发射式节奏与韵律

发射式节奏与韵律即设计围绕一个中心点展开，使造型设计具有丰富的光芒之感，有时甚至是一种炫目的视觉感受。图 3—10a 所示为一种旋转式的发射形式，形式感的表现使简单的造型富有了艺术的魅力。图 3—10b 所示为一种离心式的发射形式，形式的表现极具现代感，其造型显得辉煌炫目、华丽、高贵。

a）旋转式

b）离心式

图 3—10　发射式节奏与韵律的运用

第四节　尺度与比例

现代中国设计领域的开拓者之一雷圭元先生曾说："艺术形象是诉诸人的感觉的，但不止诉诸感觉，它通过感觉还可以诉诸人的理智。图案既有感觉的、感性的因素，也有理性的因素，而数就是图案中的理性因素。"雷圭元先生所说的"数"，即形象设计中所注重的尺度与比例，尺度与比例是遵循一定的数理逻辑而建立的一种形式美法则。

一、尺度与比例的概念

1. 尺度的概念

尺度是指物体的尺寸或尺码，用来表示画面中诸要素的度量关系。尺度与比例的联系密切，没有尺度的衡量就无法确定诸要素之间的比例关系。而任何尺度都能在一定条件下反映出某种比例。

2. 比例的概念

比例是指画面中各部分之间的对比关系，或是指其中一部分在整体中所占的分量。在美学中，最经典的比例分配莫过于“黄金分割”，只要符合这种比例关系就会在视觉上给人以美感。

二、与人体有关的比例美

尺度与比例源自数学，但比例关系取什么数值为美，自古以来就是人们研究的话题。研究者的角度、方法不同，结论也不同。在形象设计中，与人体有关的比例关系大致有三种情况。

1. 黄金分割比例法

黄金分割率是古希腊人发现的举世公认的长与短的分割数值比，是最富美感的比例。其含义是：将一线段分成长、短两部分，总长与长段之比等于长段与短段之比。如长段为a，短段为b，则（a+b）：a=a：b，得到a：b为1.618：1=1：0.618。以人体为例，以腰线为分割线，即从头部到肚脐，从肚脐到脚底，其比例关系恰好与黄金分割相一致，得到上述比例关系的人体为最“完美”的体型。而古希腊雕塑作品之所以美，就是因为准确地应用了黄金分割法（见图3—11）。

图3—11　人体的黄金分割比例

2. 基准比例法

基准比例法即以人体某部分为基准，求出其与身长的比例关系，这是形象设计中较常用的方法。其中常以头高为基准，求其与身长的比例指数，称为“头高身长指数”，简称“头身”。一般认为最美的头高身长指数为8，即“8头身”（见图3—12）。但8头身是成人的平均指数，且不同人种平均指数不同，如中国人为7.5头身，西方人为8头身。年龄不同，指数也不同。在时装绘画中常取8.5头身，某些时装绘画还会更加夸张到9头身甚至10头身。

3. 百分比法

百分比法多用于自然科学研究中。如男性头高平均占全身长的14%，女性为12.5%；男性上肢平均比女性长2.2%，下肢比女性长2.4%；男性肩宽平均比女性长 2.5%；男性躯干平均比女性短 2%，臀宽比女性窄 1.6%。

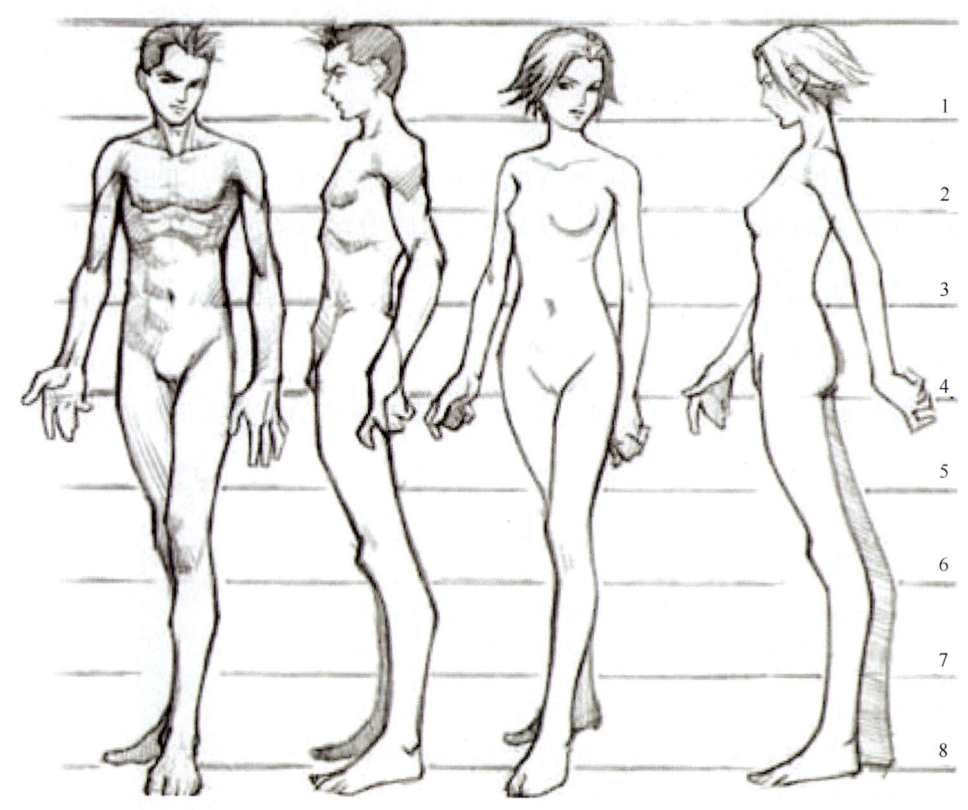

图 3—12　时装画中的头身比例

三、比例在形象设计中的运用

比例的主要规律之一就是观察者的眼睛总是自动将分割块面相互比较，人们通过视觉感知对象时，往往将各分割面与其实际尺寸进行比较。因此，着装的目标之一就是要“蒙骗”人们的眼睛，让它按设计显现的而不是真正人体的样子去感知。进行形象设计时，应该通过对比例和贴合部位的精心考虑来创造出美好、时尚的形象。

例如，在服装中横向分割是很常见的，无论是横向分割线还是上下装的长短搭配，其中比例关系非常重要，犹如一个长方形中水平线的位置不同，会使人产生长度不同的感觉。高腰裙的腰线紧贴胸下，使人显得较高；低腰裙的腰线把整条裙子分成近似相等的两段，使人显得较矮。高腰裙强调的是胸，低腰裙强调的是腹部（见图 3—13）。

a）高腰线

b）低腰线

图 3—13　服装腰线对身高比例的影响

另外，上下装的颜色和比例搭配不同，效果也不同。例如，单色搭配（见图 3—14a）、绿色和紫色搭配（见图 3—14b）、紫色和粉色搭配（见图 3—14c）。从中我们可以看出，单色搭配显得最高，绿紫色搭配次之，紫粉色搭配显得最短。这是因为单色使整体不受分割而显长，而其他两种撞色搭配会在视觉上形成横向分割的效果，又因图 3—14b 和图 3—14c 中分割线的高低位置不同，使其整体外观呈现了不同的长短视觉效果。

a）单色搭配

b）30%绿色和70%紫色搭配

c）60%紫色和40%粉色搭配

图 3—14　上下装颜色和比例搭配

第五节 视　　错

人们常用“眼见为实，耳听为虚”来形容眼睛对事物辨别的真实性。可是眼见一定为实吗？其实，人们常常被自己的眼睛所欺骗。看看下面的图形，你会有怎样的感受？

图 3—15 中的纹路看起来像是螺旋，用手盖住一半的图形时你就会发现，实际上它们是一系列同心圆。图 3—16 中带箭头的两条直线，猜猜哪条更长？动手量一量，其实发现它们一样长。这都是视觉误差所造成的。

图 3—15　克塔卡螺旋

图 3—16　箭形错觉

一、视错的概念

视错是视错觉的简称，是指图形在客观因素干扰下或人的心理因素支配下会使观察者产生与客观事实不相符的错误的感觉。

人们通常认为眼睛能够清晰地看到视野内的任何物体，但如果人的眼睛在短时间内保持不动，就会发现只有越接近注视物的中心，才能看到物体的细节，越偏离视觉中心，对细节的分辨率越差，到了视野的最外围，甚至连辨认物体都困难。在生活中之所以感觉不明显，是因为人们总是在不断地移动眼睛，而产生各处物体同样清晰的感觉。

在日常生活中，视错觉的例子有很多。例如，在下雨天，人的眼睛看到的雨点不是呈点状下落的，而是呈线状下落的；再如，法国国旗红、白、蓝三色的比例

为35∶33∶37，而人们却感觉三种颜色的面积相等。这是因为白色给人以扩张感觉，而蓝色则有收缩的感觉，这就是视错觉。

二、视错在形象设计中的运用

在形象设计中，对视错的运用非常普遍。例如，身材高瘦的人适合穿着横线条的服装，这是因为横向延伸的线条会引导视线向两侧伸展，造成丰满的视觉印象（见图3—17a）。或是运用横向分割的方法在视觉上形成阻断的效果，在服装中适当增加立体装饰效果等方法，也会让单薄的身材看起来更丰满；而身材矮小的人则适合穿着纵向线条服装，能从视觉上产生纵向拉伸感，造成增高的视觉印象（见图3—17b）。或是将有设计感的部位放置于上身，以造成视觉重心上移，使人体有向上延长的错觉。

a）横向线条　　b）纵向线条

图3—17　服装线条对身材的影响

再如，在发型设计中，会运用横向、斜向、纵向的线条来调整脸型的长短、宽窄；会运用深、浅不同的发色来调整肤色。在化妆设计中，会通过色彩的变化来表现面部结构的变化，运用点或线条的变化来纠正面容的不协调感，这都是视错在形象设计中的运用形式。值得一提的是，在化妆中视错的运用需要在一定的光影条件下才会发挥最大的效果。

视错，可以突出外貌优点，掩饰缺点，达到扬长避短的目的。这种常见的视觉现象为造型设计带来很大的帮助，合理运用视错觉，可以使设计方案更加完美和富于创意。

思考·练习

1. 试着从日常生活中或自然界中找出具有“统一与变化”规律的事物，并总结出它们的规律。

范例一：梯田

在色统一的前提下，形发生变化。

2. 收集具有“对称与均衡”规律的图片，并总结规律。

范例二：发型的对称与均衡

在左右发型体积大小不同的情况下，用发型的虚实来寻求重量感的均衡。

3. 运用工具测量同学上、下身的长度，并计算比值，观察怎样的身材比例符合黄金分割率。

第四章　形象设计的设计语言

学习目标：

◆能叙述出“三庭五眼”“四高三低”“三点一线”等面部比例关系；学会判断面部比例的美与丑；认识面部化妆包含的内容；学会根据服装色彩搭配相应的妆色。

◆能说出发型的类别及区分方法；能描述如何运用发型来增加体型美或修补体型缺陷；学会判断体色，并能根据体色搭配相应的发色；知道如何运用发饰美化发型。

◆了解服装、服饰的类别，能识别服装中常用的廓形及特征；能说出领、袖、肩部设计对体型的改善作用；学会运用服装廓形和款式设计弥补体型缺陷；学会根据肤色搭配相应的服装色彩。

◆了解美甲的概念及作用；认识美甲的分类及特点；领会美甲与形象设计的关系。

语言是人们交流的基本方式，是表达精神世界的工具。形象设计同样也有它的语言。化妆设计、发型设计、服装服饰设计、美甲设计、体态礼仪设计、文化修养设计等都是形象设计的设计语言，本章就前四点做一详述。

第一节 化妆设计

正如美玉需经良工雕琢方可价值连城，容貌需经巧妙塑造才能美丽动人。细细观察周边的人，不难发现，容貌十全十美的人很难找到，更多的人需要利用化妆技巧来扬长避短。无论是浓妆重彩还是略施粉黛，只要是适宜的妆容都会使人赏心悦目。

一、面部美学

1. 头型

人的头型大致可分为两类：长头颅型和圆头颅型。白色人种、黑色人种、棕色人种大多属于前者，黄色人种多属于后者。长头颅型的人种，面部比较立体、鼓突；而圆头颅型的人种面部较扁平、圆润。

2. 面部的比例关系

在进行化妆造型过程中，对设计对象面部五官比例的正确判断是非常重要的，在此基础上，还需掌握和运用一些造型手段，才可将形象塑造得和谐美好。

谈到面部标准比例关系，中国古代画家画人像时总结出的“三庭五眼”“四高三低”的概念为化妆造型提供了重要的依据和方法。三庭五眼是用来测量人正面长宽比例的一种方法，也是用以衡量一个人面部五官布局美与丑的审美尺度，符合此标准则美；反之则不美。

（1）三庭是指将面部长度分为三份，即上庭、中庭和下庭。上庭是指从前额发际线至眉底线的距离；中庭是指从眉底线至鼻底线的距离；下庭是指从鼻底线至颏底线的距离。三庭的最佳比例应为 1∶1∶1，也就是说上庭、中庭和下庭的长度应相等或相近（见图 4—1a）。

（2）五眼是指以一只眼形的长度为单位，从左侧发际线至右侧发际线之间的宽度应正好为五只眼形的长度。即两眼之间应为一只眼睛的距离，两眼外侧至发迹线各占一只眼睛的距离。如果达到此比例，那么脸部的横向比例视为最佳（见图 4—1b）。

而四高三低则是用以衡量人侧面面部轮廓美感的依据。

（3）四高是指人的额部、鼻尖、唇珠、下颏要有向前凸起的高度。

（4）三低分别是指两只眼睛之间的鼻额交界处要低；鼻底与人中交界处要低；唇下方与下颏交界处要低（见图 4—2）。

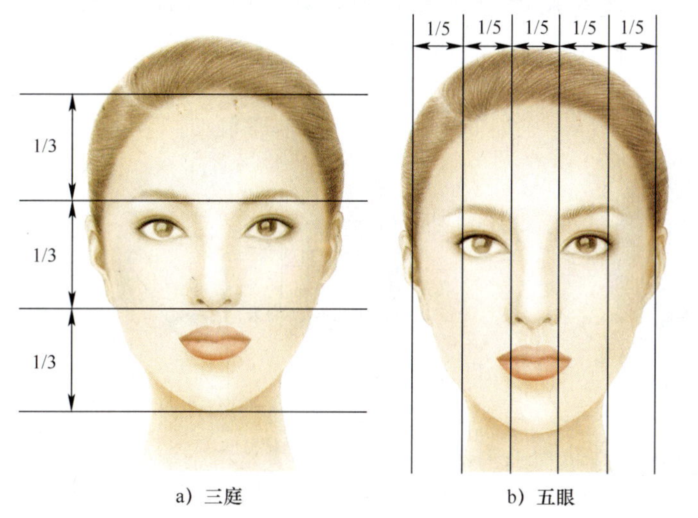

图 4—1　三庭五眼

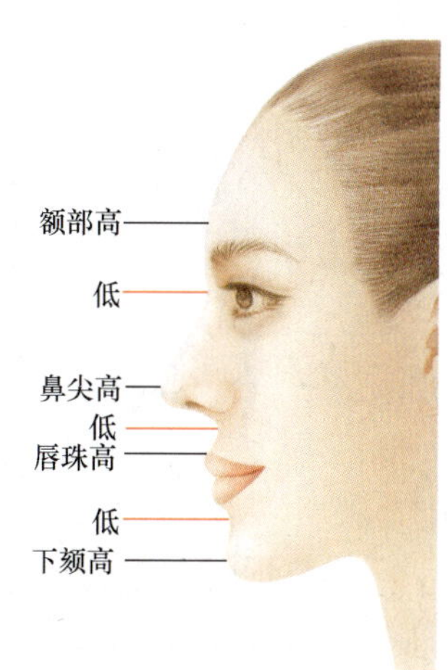

图 4—2　四高三低

三庭五眼是对人面部五官位置分布的大致形容，而在每两个相邻的五官之间，也存在着相互制约的美学关系。

（5）三点一线是指鼻翼外侧、内眼角、眉头三点的标准位置应在同一条垂直线上（见图 4—3），它是对中庭部分眉、眼、鼻之间位置关系的描述。

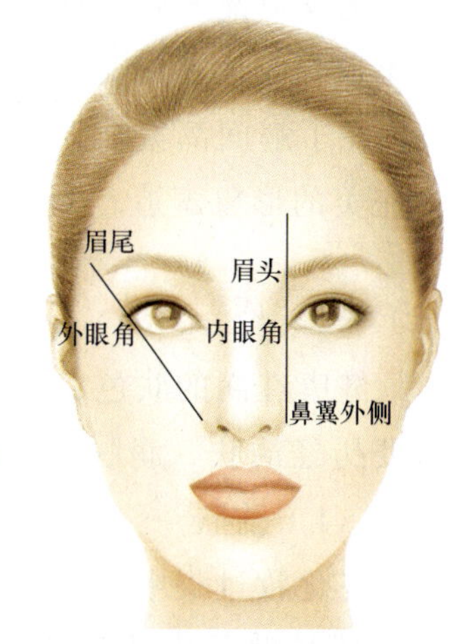

图 4—3　三点一线

（6）唇的比例。唇位于面部下庭的位置，唇底边线应正好在下庭的二分之一处，唇裂应正好在下庭的上三分之一处（见图 4—4）。上下唇厚度比例应为 1∶1 或 1∶1.5，也就是说，上唇的厚度应以等于或略薄于下唇的厚度为美。

当目光平视时，两瞳孔内侧缘向下的垂直线之间的宽度应正好为标准唇的宽度。由此可见，大脸庞不适合过小的唇型；反之，小脸庞也不适合过大的唇型，唇部的宽窄、厚薄，位置的高低都会对下庭的比例产生重要的影响。

（7）眉的比例。眉毛由眉头、眉峰、眉尾三部分组成。两眉头之间的标准宽度应为一只眼形的距离；眉毛的标准长度应位于鼻翼至外眼角的延长线

上；眉峰的标准位置应位于眉头至眉尾的三分之二处，眉形以左右对称为美（见图 4—5）。

眉毛位于上庭与中庭的交接处，具有很强的可塑性。因此，在设计眉形时要注意，眉毛的高低起伏会对上、中庭的长短产生重要的影响，所以务必要设计与面部特征契合的眉形，以免破坏面部三庭比例的协调美感。

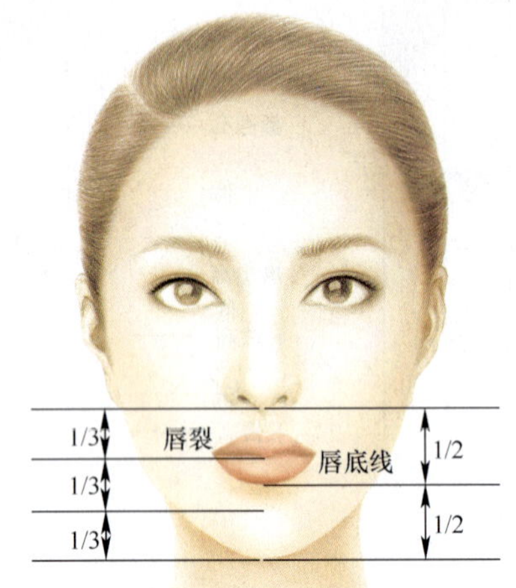

图 4—4　唇的比例

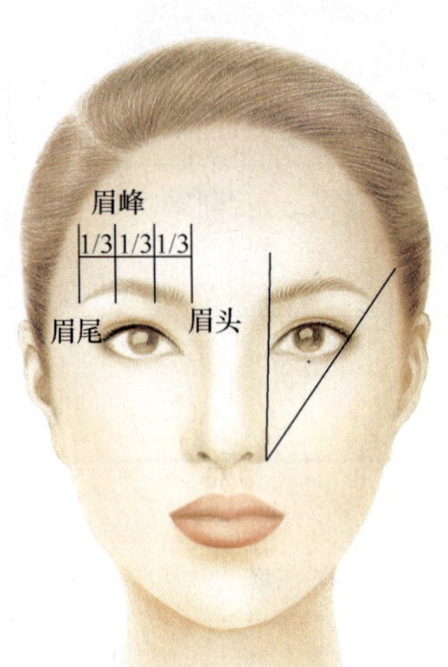

图 4—5　眉的比例

二、面部化妆

化妆是使人放弃自卑，与憔悴“绝缘”的一味良药。随着社会的发展，人们化妆不仅仅是为了满足感官上的需求，同时也是一种社交礼仪的表现。

在了解面部美学、比例之后，还需要掌握和运用正确的化妆手法，方可得到较为完美的形象塑造。而面部化妆的重点则是皮肤、眼部和鼻唇的化妆。

1. 皮肤的化妆

健康红润的肤色，光滑柔嫩的肤质是人们对于皮肤美的要求。成功的皮肤化妆需要历经洁肤、润肤和涂抹粉底三个步骤。

（1）洁肤

在化妆过程中，妆前洁肤非常重要，但却常常被人忽视。干净的皮肤才能更好地吸收护肤品中的营养，体现贴合自然的底妆效果。不同的肤质适合的洁肤产品和使用方法是不相同的（见表 4—1）。

表 4—1　　不同肤质适合的洁面产品类型

皮肤类型	洁肤产品类型	功　效
中性	应选择清洁力适中的洁面产品	清洁面部的同时，不带走过多的水分和油分，保持皮肤的水油平衡
干性	应选择质地温和的洁面产品，如无泡或低泡型洁面乳	温和地清洁面部，但不会带来紧绷感
油性	应选择清洁力强的洁面产品，如洁面皂或高泡型洁面乳	去除多余油脂，使毛孔干净畅通，保持皮肤表面的清爽
混合性	应选择分别适用于干性肌肤和油性肌肤两种类型的洁面产品	分别在出油和偏干的部位采用不同的清洁产品，以保持面部的水油平衡
敏感性	应选择温和、无刺激的洁面产品	在清洁的同时，减少对皮肤的刺激

化妆后的皮肤，更需要彻底清洁。首先，需要根据妆面的浓淡或是化妆品的类型选择适当的卸妆产品。化淡妆时，可以选择清爽柔和的卸妆产品，如水油型卸妆液等；化浓妆时，要选择清洁力强的卸妆产品，如油性卸妆液等。如果使用了防水型的化妆品，同样也需要选择清洁力强的油性卸妆产品，才能彻底去除面部彩妆残留。然后再根据不同的肤质选择恰当的洁面产品清洁面部。

即使不化妆，也不能忽视对皮肤的清洁。这是因为皮肤分泌的油脂，会与空气中的灰尘、污染物等混合在一起堵塞毛孔，影响皮肤健康。而沉积在皮肤表面的老化角质会导致皮脂分泌不畅，出现干燥性皮肤的症状，却又长粉刺，加速皮肤的老化。

趣味阅读

洗脸水温的选择

1. 用热水洗脸会使毛孔扩张，容易产生皱纹，还会洗掉过多的油分，加速皮肤老化。

2. 用冷水洗脸会使毛孔收缩，以至于不能顺利清洗掉毛孔中的污垢。

3. 用硬水洗脸（如井水、泉水、温泉水、矿泉水等），水中的某些物质有伤害皮肤的危险，温热的自来水是最适合用来洗脸的。

（2）润肤

清洁后的皮肤虽然干净清爽，不过也会带来不同程度的水分和油分流失，甚至会带来紧绷感。这时，应根据不同类型的皮肤选择正确的护肤产品，对皮肤进行“营养”补充。

1）不同肤质的润肤重点　与洁面产品一样，润肤产品也要根据不同肤质进行选择。干性皮肤应选择含有玻尿酸、芦荟等成分，补水效果显著的润肤产品，并适当地补充油分，以防止水分迅速流失；油性皮肤应选择清爽的补水产品，避免使用油脂含量高的护肤品；混合性皮肤应将适用于干性皮肤和油性皮肤的护理方式分别用在偏干和偏油的部位；敏感性皮肤仍旧需要选择温和、无刺激的护理产品；中性皮肤虽然很健康，但也要注意补水和滋润。

2）不同季节的润肤重点　在不同的季节，皮肤状态也会发生一些改变。例如，秋冬季节比较干燥，皮肤也会随之变得干燥起来，要注意充分补水、滋养；夏季炎热，皮脂分泌比较旺盛，要注意控油和补水，并涂抹防晒产品。同时，汗液也会带走皮肤表面的滋养成分，所以在大量出汗后，需要再次清洁面部，并及时补充皮肤的养分。

3）润肤步骤　长时间保持有效的皮肤护理，能从根本上改善皮肤现状，减缓细纹的产生，使皮肤保持相对年轻的状态。皮肤的日常基础护理，大致可分为以下几个步骤：

第一步，化妆水。根据其功效不同，化妆水又可分为柔肤水、爽肤水、美白水、活肤水、调理水等不同类型。它能为皮肤补水，起到收敛毛孔的作用。一般情况下，中性、干性、敏感性肌肤适合使用柔肤水；油性皮肤适合使用爽肤水。

第二步，精华液。涂抹精华液是为皮肤补充营养成分的重要环节，它质地稀薄、分子小、养分高，极易被皮肤吸收。

第三步，乳液。使用乳液，有较好的滋润和保湿作用。有时，乳液还可以用做临时洁面剂，清除面部污垢。

第四步，眼霜。使用眼霜，能滋润眼部柔嫩的肌肤，起到淡化眼部细纹、改善黑眼圈的作用。

第五步，日霜（晚霜）。日霜有保湿、滋润、抗氧化的作用；晚霜营养成分较高，质地比较黏稠，主要起到长效滋润、修复及补充皮肤养分的作用。

第六步，隔离或防晒。属于白天的护理步骤，有助于隔离空气中的灰尘及污染物，减少紫外线对皮肤的伤害，还能有效隔离彩妆中的化学物质。一般情况下，隔离产品中会带有一定的防晒作用，但如果需要长时间暴露在太阳下，就需要选择更加专业的防晒产品。

在化妆之前，对皮肤进行滋润，能让皮肤在短时间内达到柔软、润泽的理想状态，有助于上妆。妆前润肤可根据个人的皮肤状态适当调整或删减步骤，重点做好化妆水、乳液和隔离的涂抹。

（3）涂抹粉底

涂抹粉底有调整肤色，遮盖面部瑕疵，改善皮肤质感，使皮肤变得光洁细腻等作用。粉底的种类繁多，常见的有粉底液、粉底膏、干湿两用粉饼等，分别适用于不同的肤质或呈现不同底妆效果。相对而言，粉底液质地轻薄，能够较好地体现皮肤的通透感与光泽度，但遮盖力较弱，适合皮肤较好的人；粉底膏质地密实，遮盖力强，但略显厚重，适合皮肤较差的人；干湿两用粉饼携带方便，上妆后皮肤细腻柔和，具有较强的遮盖性。

此外，粉底中高光色和暗影色的巧妙运用，能塑造神奇的光影效果。高光色具有提升面部立体感的作用，一般涂在希望突出或隆起的部位；而阴影色则具有收缩的作用，一般涂抹在希望缩小或凹陷的部位（见图 4—6）。

图 4—6　高光与暗影的运用

2. 眼部的化妆

眼睛常常被人比作心灵的窗户，在面部化妆中具有重要作用，它不仅能美化人的面容，而且能传情达意，表现人物的性格特征。因而，眼部化妆常成为面部化妆中的焦点，其内容包括眉毛和眼睛的修饰。

图 4—7　眉毛的修饰与眼部的关系

（1）眉毛

眉毛能衬托眼睛的魅力，是面部的“平衡器”，在五官当中起到调节平衡感的作用，同时，它还能配合面部其他五官改善脸型。一般情况下，女性的眉毛侧重于表现柔和、纤细之感；而男性的眉毛则侧重于表现阳刚、粗实之感；眼神锐利的人，眉毛要柔软，才会有亲和力；眼神暗淡的人，眉毛要有型，突出面部，才会有起伏变化。无特殊要求时，眉毛修饰的强度应弱于眼部（见图 4—7）。

（2）眼睛

1）眼影　涂画眼影是眼部化妆中比较难掌握的一个步骤。涂画眼影是为了表现眼部的层次与立体结构，还可以体现个人的风格与韵味。因此，颜色选择、结构刻画与涂抹技巧都很重要。例如，单眼影颜色的选择就非常有学问，不能盲目跟从，要根据整体妆容的色彩进行选择，也可根据服装及所处环境进行选择。在学习化妆的初期，如果不能熟练运用色彩搭配原理，则应尽量减少眼影的颜色种类。当运用熟练时，就可采用丰富的眼影配色来表现妆容的多元化。如：同色系搭配，临近色搭配，甚至对比色搭配等，但是不管是哪一种方式，色彩使用与配比都要合理，并突出主次（见图 4—8）。

图 4—8　眼影色彩搭配

2）眼线　在眼部化妆中，眼线的作用不容忽视，它能增加眼部神采，改变眼睛形状、长短与大小。但是在描画眼线时，需注意真实感的体现，最浓重的部位一般都在眼睛平视前方时眼睑的外侧缘。

3）睫毛　睫毛能够让眼部变得更加生动，立体。睫毛的化妆主要通过夹睫毛、涂抹睫毛膏、粘贴假睫毛来完成。运用睫毛夹能使睫毛变得更加卷翘，涂抹睫毛膏能使睫毛变得纤长、浓密。在化妆中还会运用各种类型的假睫毛来表现不同的妆容效果。例如，自然型假睫毛适合在淡妆中使用；浓密型假睫毛适合在浓妆中使用；前短后长的假睫毛适合用来表现妩媚的妆容效果；而两头短中间长的假睫毛适合用来表现可爱的妆容效果等。假睫毛的恰当使用，能帮助眼睛呈现迷人的神采，还能帮助眼线调整眼部轮廓。

在整个面部化妆中，眼部化妆程序较多，每个步骤之间都是相辅相成，又相互制约的关系。只有明确了各部位之间的作用，才能在化妆中更好地把握和运用。

3. 鼻、唇的化妆

（1）鼻

鼻子有“容颜之王”的美誉，它位于面部的正中位置，是表现面部立体感最重要的部位。在正常情况下，鼻部的化妆是在打底阶段用亮色涂抹于 T 字部位。但如果鼻部不够美观需要修正时，就需要使用鼻侧影与高光色的配合加以调整与修饰。例如：鼻部轮廓感不明显的人，在化妆中可以通过添加鼻侧影来修饰其轮廓；鼻梁不够挺拔的人，在化妆中可以通过添加鼻梁中央的亮度来使其高度提升；鼻梁歪斜的人，可以通过高光色与暗影色的运用使鼻梁的偏向得以矫正。在鼻部化妆中，要想体现自然的效果，暗影与高光的颜色选择非常重要，同时还要注意处理好各种颜色之间的过渡与连接，如此才会呈现最佳效果。

（2）唇

嘴唇是面部活动量最大，也是表情最丰富的部位。唇部化妆可以改善嘴唇的轮廓，改变嘴唇的颜色，为面部化妆平添几分魅力。一般情况下，唇部化妆需要经过勾画唇线、涂抹口红及唇油等几步来完成。唇部化妆在面容中极易吸引人的注意，所以在勾画唇线及涂抹唇膏时，即使细微之差，也会产生很大的变形效果。就算是经验老到的化妆师在处理唇形时，也需要全神贯注，一丝不苟（见图4—9）。

唇在面部下方的作用与眉毛十分类似，是脸部的平衡器。嘴唇的歪斜、不对称或比例不协调都会造成面下部的失衡感。例如：唇角下垂给人以愁苦、哀伤的印象，显得苍老；唇过薄给人以不够大方、刻薄的印象；唇过厚给人以不够秀气的印象。

图4—9　唇部化妆

三、化妆设计与形象设计

1. 妆色与服装色彩的搭配

妆色主要是指面部的粉底、眼影、口红、腮红等颜色组合而成的色彩效果。在整体形象设计中，由于服装在人体覆盖面积最大，对人的色彩影响力最大。因此，设计师常会以服装色彩为依据搭配妆色，搭配方式主要有两种。

（1）和谐搭配

在表现和谐的前提下，服装色为暖色调时，妆色应为暖色调；服装色为冷色调时，妆色也应为冷色调。选择与服装色彩相同或临近的化妆色彩与之搭配，常给人以柔和、和谐、亲切的感觉。例如，穿红色系的服装时，可选用偏红的粉底色作为肤色，选用橙红或橙黄色的眼影，红色或橙色胭脂做腮红，唇膏选用朱红、橙色等色彩。

（2）对比搭配

选择与服装色彩相对比的妆色，常给人以活泼、醒目、刺激的感觉。色彩对比的形式有冷暖对比、色相对比、明度对比、纯度对比等。冷暖对比，如绿色眼影与红色的衣裙搭配；色相对比，如红色的唇膏与宝石蓝服装搭配；明度对比，如灰色眼影与黑色服装搭配；纯度对比，如浅粉色腮红与艳玫红的搭配等。

趣味阅读

如何判断服装的主色调

服装的主色调是指在服装色彩中起到主导作用的色彩基调。单色服装的主色调一目了然，易于判断；而多色服装的色彩纷杂，这时，我们应该如何判断服装的主色调呢？

1. 根据面积大小来判断，面积大的色彩为主色调。

2. 在面积相同或相近的情况下，可根据色彩的鲜明程度来判断，色彩越鲜明的越能起到主导作用。

3. 在色彩面积与鲜明程度都相近的情况下，还可根据色彩的冷暖、清浊来判断，如服装整体色彩是属于冷色调、暖色调、清色调还是浊色调。

对服装色彩的判断，能为妆色的选择起到指导或借鉴的作用。

另外，妆色的选择还应考虑到服装的风格，例如，穿衬衫、牛仔裤等休闲服装，化妆应清淡一些，体现轻松自由的气质；华贵的礼服适合艳丽一些的色彩，体现时尚、鲜明、引人注目和富于变化的效果。

2. 化妆与人物性格的表现

人物性格是指一个人的个性、心思与作为。它们可以通过面部特征表现出来。精神愉悦、遇事通达的人，通常是红光满面、神采奕奕的；相反，满腹心事、郁郁寡欢的人，通常是暗淡无光、眉头紧锁的。

化妆则能通过各种技术和手段改变人的面部特征，从而表现出可爱、稳重、温柔、机敏、诚实、狡诈等丰富的人物性格。例如，圆圆大大的眼睛，配以自然松散的眉形、粉嫩的腮红和饱满丰盈的唇形给人以年轻可爱的印象；开阔的额头，配以略微上扬的眉毛和炯炯有神的眼睛给人以坦荡无私的印象；稀疏低平的眉毛，配以一双细长眯缝的眼睛、薄薄的嘴唇和鹰钩鼻会给人以狭隘多疑的印象等。

第二节　发型设计

中国素有“礼仪之邦”“衣冠王国”的美称。几千年来，我国人民创造了丰富的、令人叹为观止的精美发型。从某种意义上说，发型标志着一定历史时

期内物质、文化、生活发展的水平，同时也是人类展示外貌、仪表的一种方式，历来受到人们的重视。在形象设计中，发型是完善整体设计效果中一个重要的环节。

一、发型的特性

发型是利用人头部以上的天然毛发，运用剪、烫、染、卷、吹、梳、盘等技巧，按照一定审美法则装饰而成的头发样式。它具有较强的实用性、审美性、联想性等特性，要符合时下的流行趋势与审美情趣。

1. 实用性与审美性

发型的实用性是指发型实际可使用的频率或相对简便的操作特性。在设计发型时，简单、便捷、易操作就成为发型设计中最先考虑的因素。

发型的审美性是在人们不断变换头发样式的过程中培养出来的审美情趣，也是人们追求美的必然结果。一款发型即使再简便、实用，但只要不美观，也不会成为人们追逐的焦点。在发型设计中，实用性与审美性可谓是同等重要。

人们在选择发型时，首先会从自身的条件出发，需要考虑的因素包括头型、脸型、五官、身材、年龄等；其次会受到职业、肤色、着装、个人爱好、季节、发质等因素的制约。如果一款发型设计能满足上述一半以上要求时，就可谓是一款成功的发型设计，因为它在实用的基础上还兼具了美观原则。

2. 形象性与联想性

发型的形象性是指发型形态的外部细节或特征性，它是对发型形态更具体的描述。人们不会满足于发型始终保持在同一种形态下，由此造就了发型形象的多变。当发型形象与人物形象完美结合时，发型往往能成为一个人形象中最鲜明的特征。例如，一提到奥黛丽·赫本，人们就会想到在《蒂凡尼的早餐》中她身穿小黑裙、戴着珍珠项链、拿着烟斗时的经典发型（见图 4—10）。

图 4—10　赫本发型

发型的联想性是指人们对发型形象产生的某种联想。就如同波纹类发型容易让人联想到行云流水。如

果将联想性运用得当，还能为发型创作带来丰富的灵感源泉。例如，对日月、山河、动物、植物、建筑、几何形体等形态的模仿（见图 4—11）。

a）由马鬃形态产生的联想与借鉴　　b）由建筑形态产生的联想与借鉴

图 4—11　发型的联想与借鉴

3. 流行与个性

流行是一种从众现象，是指一种新的事物迅速被大众接受、采用进而得到大面积推广以至消失的过程。而个性是指一个人在思想、性格、品质、意志、情感、态度等方面不同于其他人的特质。

图 4—12　唐朝发型

发型就具有这两种明显的特性，它与人们的生活节奏、物质水平有直接的关联。在生活贫困时期，物资缺乏，人们对发型除了规矩、整齐以外，几乎没有更多的要求。而在经济发展迅速，社会稳定安康时，人们对发型的要求会越来越高，除了时尚、美观以外还要强调个性。例如，唐朝最鼎盛的时期，生活富足而悠闲，人们都喜爱雍容华贵、高耸别致的发型（见图 4—12）。

一款成功的发型设计应该是流行与个性的统一，而兼具流行与个性的发型也会促进与推动发型的多元化发展，丰富时下的流行元素。

二、发型的分类及表现风格

发型，按照场合可分为日常生活发型、晚宴发型、新娘发型、舞台发型等；按照年龄阶段可分为青年发型、中年发型、老年发型等；按照操作技法可分为剪发、染发、烫发、吹发、编发、束发、盘发等。本书根据头发的长度，将发型分为长发型、中长发型、短发型和超短发型四种类型，在每种类型内再按直发和卷发分别叙述。

1. 长发型

长发型，通常是指头发长度超过肩膀，达到背部长度的发型。长发型的特点是动感、飘逸，能彰显女性柔美的特质（见图 4—13）。

图 4—13　长发型

（1）直发

垂直的长发给人以端庄、流畅、清纯、淑女的印象，是最能体现出女性发质柔顺感、飘逸感的发型。所以，在很多洗发、护发产品广告中，都是运用此类发型体现健康的发质效果。对于性格比较内向安静的女性而言，这样的发型能增添文雅气质。但由于垂直长发在视觉上有纵向拉长的效果，因此不适合头型、脸型过长的人。

（2）卷发

长卷发给人以浪漫、优雅、热情、妩媚的印象。由于发长足够，非常适合用于表现各种类型的卷发。根据卷的形状和程度不同，又可分为波浪形卷发、自然形卷发、螺旋形卷发等。不同弧度的曲线给人以不同的感受，波浪形卷发浪漫、优美；自然形卷发温柔、内敛；螺旋形卷发个性、张扬。但由于卷发会在体积上有膨胀感，因此，不适合头型过大、身材矮小的人。

2. 中长发型

中长发型，通常是指头发长度及肩的发型。中长发的特点是潇洒、知性，也能彰显女性温婉的特质，同时又便于打理。这几年流行的梨花头，就是中长发型的代表，深受年轻女性的喜爱（见图 4—14）。

（1）直发

中长直发给人以简练、知性、乖巧的淑女印象。比起长发，中长发型更便于清洗与梳理，一般情况下，中长直发的发尾会设计成轻微的内扣或外翻的效果，

这是因为及肩的长度很容易让发尾变得凌乱，而经过处理后的发尾就会变得整齐、顺滑。《东京爱情故事》中女主角赤名莉香的齐肩直发给人以青春、活泼的印象（见图4—15），但由于此类发型及肩的长度，容易在视觉上造成脖颈缩短的印象，因此，在设计发型时，也要根据实际情况，适当调整发尾的厚度与层次。

图4—14 梨花头

图4—15 齐肩直发

（2）卷发

中长发型中的卷发造型给人以俏皮、清新、可爱的印象。由于其发长相对较短，做卷后头发的重量感容易聚集在肩、颈处，因此不适合肩过宽、脖颈过短的人。同时，要尽量穿着低领的服装或佩戴体量感较小的配饰，才能给脖颈处以足够的空间感。

3. 短发型

短发型，通常是指头发长度在下颌角附近的发型。短发型的特点是轻巧、随意，当短发型运用在女性发型中时，能彰显洒脱的魅力（见图4—16）。

（1）直发

短发型中的直发效果给人以干练、清爽的印象。其中沙宣发、学生头比较注重体积感和重量感的表现；碎发比较注重层次感和空间感的表现。

（2）卷发

图4—16 短发型

短发型中的卷发效果给人以时尚、个性的印象。由于短发的发长有限，所以弧度较大的螺旋卷很难在短发中得以完整的体现。相对而言，波浪卷、弧度较小的螺旋卷在短发中能得到较好的表现效果。

4. 超短发型

超短发型是指头发长度在耳尖以上的发型，常见于男士发型中。超短发型被引用到女士发型中以后，常给人以中性、帅气的印象（见图 4—17）。

图 4—17　超短发型

（1）直发

超短发型中的寸发给人以清爽、个性的印象。风靡于世界的朋克发型元素也常被应用于超短发型中，它给人以夸张、独特的印象。

（2）卷发

超短发型中的黑人卷发、爆炸头给人以个性鲜明、狂野的印象；而超短发型中的纹理烫，则给人以温和、自然的印象。由于超短发型的发长十分有限，因此制作卷发效果时，无法表现完整的大卷效果，但小卷仍可以在发型中得到完整的体现。

趣味阅读

纹理烫

纹理烫是烫发技术中的一种。运用弧度较大的卷杠从发根处开始上卷，能使发根处变得自然蓬松，并在发干处形成一种介于直与卷之间的效果，是一种表现纹理和层次变化的发型技术。给人自然、大方、动感、飘逸、活泼的感觉。

韩剧中，许多男影星的发型都是经过此类处理的，例如，Rain 在《浪漫满屋》中的发型，池贤佑在《我的爱金枝玉叶》中的发型等。想要保持纹理烫的最佳效果，学会打理是关键。即运用吹风、发胶、发蜡等美发工具，调整发型的轮廓和纹理，使发型更加持久。

Rain 的发型

池贤佑的发型

三、发型设计与形象塑造

发型设计作为形象设计的设计语言之一，既是独立的个体，又是形象设计中的一个环节。因而在整体形象塑造中，发型设计不仅要综合人物的体型、脸型、发质、肤色等身体特征，还应考虑到人物的年龄、职业、着装等多方面因素。

1. 发型与体型

人的体型各不相同，理想的体型适合各式各样的发型，但这只是在理想状态下的设想，生活中这类人属于极少数，那么就需要运用发型来增加体型美或修补体型缺陷，以达到和谐之美。

（1）矮小体型

这种体型给人以小巧玲珑的印象。因此，在发型设计时应以秀气、精致为主，要避免粗犷、蓬大的发型。否则，会产生头大身小的效果，致使头、身比例失调，给人上重下轻之感。同时，身材矮小的人也不适合留太长的头发，这是因为当过长的头发披散下来时，容易让人将发长与体长进行对比，会显得身材更加矮小。

矮小体型的人适合短发、超短发、中长发或将长发盘于头顶位置。这是因为短发或超短发会使矮小体型的人显得轻盈，而将长发盘于头顶能使人的重心上移，从视觉上产生拉长的效果。

（2）瘦长体型

这种体型给人以细长、单薄的印象，一般表现为头部小，肩窄颈细，缺乏身材曲线。因此，发型应设计得饱满、生动一些，要避免将头发梳得过于紧贴，显露出头小的缺点，或是梳得过于蓬大，造成头重脚轻的印象。另外，剪发时要避免将头发层次削剪得过于轻薄，容易造成头发稀少单薄的印象。

瘦长体型的人适合中长发，或是有一定量感的短发。建议将头发烫卷，这样不仅能增加头发的扩张感，而且能增加体型的曲线美，弥补瘦长体型直硬、平板的身材缺陷。

（3）短胖体型

这种体型给人以健康、稳健的印象。但由于身体过于宽厚，缺少灵秀之感。因此，要避免体积偏大、体量偏沉的发型。更不能选择披肩长发，因为短胖体型的人一般脖子都比较短。同时，过于蓬松卷曲的头发也要避免，它们会从视觉上拉宽体型，暴露身形缺点。

短胖体型的人比较适合留短发、直发，并且都需要修剪出一定的层次感，这是因为直发在视觉上有纵向延伸的作用，而修剪得富于层次的发型给人以轻巧的印象，正好可以削弱此种体型给人造成的沉稳感。或是将头发向上梳理，体现出一定的高度，能在视觉上产生收紧、拉长的效果。

（4）高胖体型

这种体型给人以壮实、有力的印象，但对女性而言，缺少了苗条、纤细的美感。为了减弱这种印象，在设计发型时要控制高度与量感，避免繁复与夸张，一切应以大方、简洁为好。

高胖体型的人比较适合留中长的直发，这样头发的线条能够增加修长感；要修剪出比较明显的层次，这样能减轻身体的分量感；也可以尝试自然的卷发，但原则是简洁、明快、线条流畅。

（5）头大体型

这种体型给人以沉着、智慧的印象。但由于头部比例偏大，也容易让人感觉头重脚轻。因此，要避免一切会使头部体积变得更大的发型，如蓬松的卷发。同时，也要避免将头发梳得过于紧贴头皮，这样也会暴露出头部的缺点。

头型大的人比较适合留短直发、长直发。在修剪时，要注意表现出一定的层次，减轻头部的负担。在盘发时，要松紧适度，可适当垂下一些发丝，以达到拉长头型的作用。

（6）头小体型

头小是时下流行的审美趋势，但当头部比例过小时，会给人以不够大方的印象，会对整体协调感产生一定的影响。因此，蓬松的卷发或具有一定量感的发型能弥补此类体型的缺点。要避免超短发型，因为过短的头发不能增加头部的量感，还会暴露出原有头型的大小。还要避免拉直发，特别是在自身发量较少的情况下，会更加容易表现出头身比例的不协调感。

总体来说，发型设计与体型之间的配合，最重要的是要找到一个平衡点，让其间的差异与对比降到最小值。

2. 发型与脸型

头发是面部的近邻，它能给脸型以最有效的修饰。在生活中，常见的不标准脸型有长形、方形、圆形、菱形、正三角形、倒三角形等，发型设计就要充分利用头发的优势弥补脸型的缺点。

例如，长脸型的特征是面颊消瘦，三庭过长，给人以成熟、严肃的印象。在设计发型时，应降低顶部造型的高度，增加脸颊两侧造型的宽度，并运用刘海遮挡过长的额头，从视觉上缩短脸型的长度（见图 4—18a）。而方脸型的特征是脸的长度与宽度相近，上额角与下额角较宽，且角度转折明显，面部轮廓呈方形。方脸型给人以正直、刚毅的印象。在设计发型时，应提升顶部造型高度，控制两侧造型的宽度。斜向刘海能够遮挡方脸型过宽的额角，收缩脸型的宽度。卷发能使方脸型的面部线条变得更加柔和（见图 4—18b）。

a）适合长脸型的发型

b）适合方脸型的发型

图 4—18　发型对脸型的修饰

趣味阅读

发型对面部轮廓的修饰

1. 宽额头

对女性来说，过于宽大的额头缺少柔和、秀美的感觉。用刘海可以遮挡额部的不足。齐刘海给人以文静、可爱的印象，而透气型刘海给人以随意、亲切的印象。

2. 窄额头

过窄的额头缺少了大方、开阔的感觉。应尽量将太阳穴两侧的头发向后梳开，以增加额宽。或是直接运用刘海遮挡额部过窄的位置。

3. 高颧骨

颧骨过高的人，给人以严厉、刁蛮、不易亲近的感觉。长刘海能对颧骨过高的部位进行遮挡。如果再配以波浪卷发，能有效地柔和面部线条。

3. 发型与发质

发质和肤质一样具有不同的种类。发质不同，发型就应该有所区别。因此，在设计发型前必须对设计对象的发质有充分的了解。

（1）稀少的头发

要表现丰满盈剩，可在烫发时于发根处使用发夹，烫得高一些。发式可向外做成卷曲的边帽型，飘逸动感的发尾能加强立体感，这是表现发量感最佳的方式。或选择加入适量的假发，也可以使发型看上去丰满立体。

（2）粗硬而量多的头发

要进行直线修剪，梳发时压低发量。头发如果过短，就会竖起，所以粗硬而量多的头发，不适宜梳短发，宜中长度，在正面到侧面做缘边式剪削，这样发尾摇动时便显得轻松。粗硬的头发在整发之前，最好先用油质烫发剂烫一下，使头发看起来不那么坚硬。

（3）天然的卷发

这种发质独具美感，但如果将头发剪短，卷曲度就不会太明显，而留长发才能显出其自然的卷曲美来。拥有这种发质的人，要想尝试一下直发的感觉，首先要减少发量，再将头发剪短，以免给人散乱的感觉。

（4）细而柔软的头发

这种发质可塑性强，梳理比较方便，尤其是梳俏丽的短发极为适宜。另外，做柔和卷曲的发型以及做小卷曲的波浪发型也很自然。这种发质不论长短都能持久保持轻盈蓬松的动感。

（5）直而硬的黑发

这种发质若梳理成披肩的长发，那乌黑、闪亮、厚重的悬垂美感，是其他发质所不能比拟的。梳成大髻或圆环也很好看。如果要梳成细小卷曲的复杂发型就很困难，即便烫卷定型，也会显得呆板；只能用大号发卷梳理成略带波浪的发型，才显得蓬松自然。另外，由于这种头发很容易修剪得整齐，所以设计发型时可以特别在修剪上下功夫。

4. 发型与色彩表现

色彩的表现力能为发型增添魅力，能使发型展示出更强烈的效果，同时又能衬托出肤色和服装的最佳效果，使整体形象在色彩上浑然一体。发型色彩与其他设计色彩有一定的共性，但它又与人的发质、肤色、服装色之间有密切的关联，在运用时需要掌握一定的规律和技巧。

（1）发色与体色

体色是由肤色、发色和眼睛的颜色组成的。当一个人的体色给人以和谐的美感时，那么其肤色、发色和眼睛颜色的冷暖属性一定是相同的。在形象设计的过程中，为了达到某种设计效果需要改变其中任意一项颜色时，必须要以体色协调为前提。

由于皮肤的颜色在人体中所占面积最大，因此肤色成为发色选择时最主要的参考因素。肤色按冷暖、深浅两个因素大致可以划分为四种类型：

1）冷色调浅色皮肤　此种皮肤色彩基调为粉色，是明度较高的冷色调皮肤。在改变发色时，应选择同为冷色调的发色。

2）冷色调深色皮肤　此种皮肤色彩基调为粉色或蓝色，属于偏深的冷色调皮肤。在改变发色时，应选择蓝黑、紫黑等冷色调的发色，颜色宜深不宜浅。

3）暖色调浅色皮肤　此种皮肤色彩的基调为黄色，是明度较高的暖色调皮肤。在改变发色时，应选择同为暖色调的发色，如浅的金棕色系。

4）暖色调深色皮肤　此种皮肤色彩的基调为黄色，属于色度较深的暖色调皮肤。在改变发色时，应选择深橄榄棕色或深金棕色等暖调发色，颜色宜深不宜浅。

（2）发色与服装色

发色和服装色的搭配也须考虑冷暖和明暗这两方面的因素。发型色彩与服装色彩的明暗对比可强可弱，较强的明暗对比常用于需要强调发型效果的形象设计，表现风格比较活泼；较弱的明暗对比，常用于整体感强的形象设计，表现风格比较沉稳。发型色彩与服装色彩的冷暖对比也有强弱之分，要注意的是当色相对比弱时，明暗对比就要增强。当冷暖对比强时，明暗对比可以自由选择。例如，棕色发型配合墨绿色服装，明暗对比弱，冷暖对比强，效果沉稳、大方；浅黄色发型与棕色服装相配，明暗对比强，冷暖对比弱，表现风格柔和、自然；金黄色发型配合淡蓝色服装，明暗对比弱，冷暖对比强，表现效果灿烂、迷人。

发型色彩与服装色彩的搭配关系并无固定的模式，设计师应根据整体形象的设计意图，灵活运用配色原理，把握好色彩对比的效果。

5. 发型与年龄

不仅人的脸型、体型、服装色彩与发型相互关联，年龄也是发型设计中应该考虑的因素。同一个人在不同年龄段，适宜的发型是不相同的。人的年龄大致分为四个时期：

（1）少年时期

这个时期的人处于发育和学习期间，不宜烫发、吹风。应以简便为原则，展现出自然美与天真、活泼的气质。

（2）青年时期

这个时期的人几乎适合任何长度、样式的发型。

（3）中年时期

中年人多选择整洁、文雅、大方、线条柔和的发型，根据自己的特点纠正自己在某方面的不足。这个时期的发型宜梳短发，不留前额刘海或留少许刘海，体现大方、文静的气质。直发、长发挽髻或烫发均可。烫发宜采用全烫工艺，发丝宜往上往后梳理，显得庄重美观。进入中年就不宜留披肩长发。

（4）老年时期

老年人要结合自己的特点，选择发型要注意庄重、整洁、简朴、大方。一般以短发为主，不论头发已灰白或黑白参半，甚至全白，只要保持整齐、清洁，一样有韵味。也可留长发挽髻，颇显风度。

6. 发型与服装

发型与服装必须协调，才能增添人的风采。服装造型由轮廓、比例、点、线、面组成，其造型结构还会给人留下某种感觉，如挺括感、收敛感、笔直感、飘逸感等。发型设计要融于服装感觉之中，使二者形成和谐统一的效果。例如，以直线为主的职业套装，配合简洁、干练的短直发或将长发束起，职场上精明能干的形象便立即出现在人们的眼前（见图4—19）。相反，如果搭配的是一头蓬松的大波浪长发，其整体效果将受到削弱。又如，浪漫的女式裙装，多有裙褶、花边，面料柔软，如若配合长直发型，效果会更加妩媚，具有飘逸之感。而如果设计成短发型，整体就不甚协调。

图4—19　干练的职场形象

7. 发型与发饰搭配

完美的发型若要锦上添花，就少不了饰品的运用。用于装饰发型的饰品被广泛称为发饰。

发饰的运用通常存在两种情况：

（1）当发型过于简单时，可通过发饰进行点缀，增添气氛，表现华丽感。生活中，发型不会像晚装或新娘装一样过于正式和复杂，因此简单的手法就可以满足生活所需。但是仅有发型确实略显单调乏味，缺少生气，因此我们可以运用发饰来点缀增添气氛，起到画龙点睛的效果。同时，发饰还具有固定功能，不但增添了美观效果，还可以使得发型持久、稳定，一举两得。

（2）当发型轮廓有缺陷时，可通过发饰予以弥补。在做一些复杂的盘发或是其他发型时，发型轮廓或多或少都会出现一些残缺部位。此时发饰便可以利用自身体积来填补这些残缺部位，不仅起到装饰效果，而且能将发型轮廓填补完整，形成高贵、典雅、饱满的发型。

第三节　服装服饰设计

服装服饰是形象设计中造型成效最为显著的部分。每个人都有表现的需要，并且希望自己的外表能给人留下美好的印象，而人们对气质、修养等的判断或多或少会表现在整体装束中，因此，穿戴得体能表现出人物的形象、素养及内涵。

一、服装的功能

1. 保护功能

服装最初的功能是为了取暖和遮羞，是人类生活的实际需要，它能保护身体避免外界伤害，还有御寒保暖、避风挡雨的功能。

2. 装饰功能

随着社会生产力的发展，人们开始有了情感认识，为了美化自己，让自身更具魅力，他们开始用各种方式来装饰自身吸引其他人的注意。这是满足着装者心理、精神上的审美需求，是人类社会文明发展的结果。

3. 标示功能

最初配挂在人身上的物体是作为某种象征而出现的，后来演变成衣物和饰品，比如部落的首领就会用一些鲜艳的颜色或贵重的皮毛来显示自己的力量和权威等。人们可利用服装象征穿戴者的身份，体现职业、阶级地位等。

二、服装的分类

在形象设计中，不同的设计意图对不同类型的服装服饰具有不同的要求，各种类型的服装具有不同的表现特色。明确服装的不同类型及特性，是使我们设计的形象能够被社会接受、被人们欣赏的重要基础。

1. 内衣

内衣是穿在最里层的服装总称。对于现代人来说，内衣已不仅仅是遮羞之物。吊带衫、低领衫、紧身裤、低腰裤、露背礼服等，哪一件都离不开内衣的完美搭配。比如，穿吊带衫时要搭配无肩带的文胸，或是如今流行的小花边吊带文胸。更有一种新颖有趣的、肩带可换多种颜色和花边型的文胸，大大满足了时尚女性对各色各款吊带衫的搭配需要。内衣虽穿在里面，却衬托着外衣的得体动人。所以，人们在追求服装舒适与美观时，千万不可只注重外表，合体、雅致的内衣更能体现个人的着装品位与内在涵养。

内衣按照功能大致可分为：

（1）贴身内衣

贴身内衣是直接与皮肤接触的内衣，主要起保健作用。它应该具有吸汗、吸污、保持体温等功能（见图 4—20a）。

（2）修正内衣

修正内衣能修正人体的缺陷，将人体塑造得更为匀称、健美（见图 4—20b）。

（3）装饰内衣

装饰内衣穿在贴身内衣或修正内衣的外面，使外衣显得丰富、完整而具层次感，这就是装饰内衣的基本功用（见图 4—20c）。

a）贴身内衣

b）修正内衣

c）装饰内衣

图 4—20　内衣的几种类型

2. 上衣

上衣大致分为衬衫上衣、套装上衣及便装上衣三种基本形态。

（1）衬衫上衣

衬衫上衣是穿在内衣外面、以软料为主的上衣。它有外装化的意味，衬衫款式变化很多，与其他服装搭配的余地很大，可单独穿，也可与套装上衣搭配穿。女衬衫按穿着方式可分为内衣型衬衫和外衣型衬衫两种（见图 4—21a）。

穿在套装上衣内的衬衫，主要应考虑颜色的调和。穿着时在领部还可结合丝巾、领结及其他佩饰搭配使用，但应注意简练、精致，切不可过于烦乱与花哨。

（2）套装上衣

套装上衣是以西装为基本型来变换款式的服装，主要分为西装和套装。

西装的特点是贴身合体，穿着效果挺括、端庄、高雅，适用人群范围广泛。西装可以通过领子、驳头、口袋、肩部、纽扣及造型等方面的变化而派生出多种款式。比如，有后背开叉、两侧开叉之分；有直摆、圆摆之分等。女式西装的变化更为自由、多样。

套装是从西装演变而来的时装，有两件套和三件套之分。下装可配裙子，也可配裤子，式样随流行趋势而不断改变。在第一次世界大战之后，女性开始纷纷走向社会，工作、生活的现实要求女性服装轻便、简洁，于是套装逐渐成为女性的常见服装。上下装材料一般为同样的面料，也有采用不同面料相配合的，没有限制（见图 4—21b）。

（3）便装上衣

便装上衣主要是指人们在运动、休闲的时候所穿的上衣。这些上衣穿上后轻松随意，迎合了当前人们崇尚运动休闲的心理倾向，故成为今日的消费热点（见图 4—21c）。

a）衬衫上衣

b）套装上衣

c）便装上衣

图 4—21　上衣的几种类型

3. 裤子

裤装因区分标准不同而有许多分类方法：

依长度可分为短裤、中短裤、三股裤、长裤等；依腰位高低可分为高腰裤、中腰裤、低腰裤等；依裤筒形状可分为直筒裤、喇叭裤、锥形裤等。

4. 裙子

裙子在女装中具有极其重要的地位，西方 16 世纪流行的撑箍裙、体现中国女性韵味的旗袍、日本的和服、朝鲜的高腰裙等，都体现了女性着裙装的妩媚。

裙子的款式变化无穷，归纳起来大致有以下几个要素：长度变化、摆围变化、褶裥变化和分割变化。将以上四要素组合，就产生了各式各样的裙装。

5. 外套

外套是相对内衣而言的，指穿在最外面的衣服，根据用途与季节的变化分为很多种类，如普通外套、礼服外套、风衣外套、大衣外套等。外套除了长短变化外，外形轮廓、造型也多种多样。

三、服装廓形设计与款式设计

服装廓形与款式设计是服装造型设计的两大重要组成部分。一般情况下，把服装正面或侧面的外观轮廓称为廓形，将构成服装的具体组合形式（也是服装的细节）称为款式。在服装设计中，廓形数量是有限的，而款式变化是无限的，也就是说，同一个廓形可以用无数种款式去充实。

1. 服装廓形设计

服装廓形也称轮廓线。它能形象地描绘出服装外部轮廓特征，给人留下深刻的印象。为了更好地了解服装廓形带给人物形象的改变，首先需要认识服装中几种常见的廓形。总体可分为五大类（见表 4—2）。

表 4—2　常见服装廓形的主要特征及应用

种类	图示	特征	应用
A 形		从上至下呈阶梯式逐渐展开的外形	A 形常应用于童装或可爱系列的服装中，给人以可爱、活泼的印象

续表

种类	图示	特征	应用
H 形		不强调胸和腰部的曲线，下摆窄，整体呈直筒状	H 形是男女共用的常见廓形，给人以简约、端庄的印象
Y 形		上宽下窄，着重突出肩部或上半身设计，下摆窄、紧	Y 形常应用于男装设计，给人以刚劲、帅气的印象 在女装中加入此类廓形后，常给人以干练、中性化的印象
X 形		肩部和下摆放宽，腰部束紧，着重表现腰部曲线	X 形常应用于各类女装礼服设计中，给人以浪漫、柔美、女性化的印象
O 形		中部大，两头小，呈蚕茧形	O 形常应用于中老年或孕妇装设计中，是男女通用的廓形之一

上述五种类型是服装设计中最基本的廓形，是以字母的形态命名的。除此之外，服装的廓形按照几何形状可分为椭圆形、圆形、长方形、正方形、三角形、梯形、球形等；按照物象形态可分为气球型、钟型、帐篷型、圆桶型、郁金香型、喇叭型、酒瓶型等；按照专业术语可分为公主线型、直身型、细长型、宽松型等。

人体是服装的主体，服装造型变化是以人体为基准的，服装廓形的变化离不开人体支撑服装的几个关键部位，即肩部、腰部、臀部和腿部。服装廓形的变化也主要是对这几个部位的强调或掩盖，因其强调和遮掩的程度不同，就形成了各种不同的廓形。

2. 服装款式设计

服装款式设计是服装的内部结构设计，具体可包括服装的领、袖、肩、装饰线

和结构线等细节部位的造型设计。

（1）领型设计

领型设计的样式繁多，按照领型的高度可分为高领、中领和低领；按领的结构可分为连身领、装领；按照领的造型可分为立领、无领、翻领、驳领、异形领等；按照领线可分为方领、尖领、圆领、不规则领，其中方领又可分为正方领、长方领、一字领、梯形领等；尖领又可分为V字领、桃心领等；圆领又可分为小圆领、大圆领、U形领等（见图4—22）。

a）V字领　b）正方领　c）长方领　d）一字领

e）小圆领　f）大圆领　g）U形领　h）高领

图4—22　几种常见的领型

领型处于服装的最上端，与脸部的距离最近，领型可以衬托脸型，改善脖颈线条。领型与脸型的搭配原则是穿对比型的领型。例如：圆脸型的人适合穿尖领、长方形领等；方脸型、正三角脸型的人，适合穿V字领、大翻领；长脸型的人适合穿高领；菱形脸和倒三角脸型的人，除不宜采用同脸型相似的V字领和尖领之外，其他领型均适合。

颈部主要有颈长、颈短、颈粗三种情况，利用发型、领型、饰品可以修饰颈部

的缺陷。单就领型而言，颈部较长的适合穿着高领，不适合将脖颈的长度全部显露出来；颈部较短的适合穿着低领和领线较低的领型，不适合高领、立领等会占据脖颈长度的领型；颈部较粗的适合穿着有纵向拉伸效果的领型，不适合领口过小的领型。

（2）袖子设计

袖子按长短可分为长袖、七分袖、五分袖、短袖、无袖；按袖型可分为蝙蝠袖、泡泡袖、灯笼袖、喇叭袖、插肩袖等（见图 4—23）。

1）手臂较短的人　适合穿着插肩袖，不适合蝙蝠袖、泡泡袖等会在视觉上扩张手臂宽度，缩短手臂长度的袖型。

2）手臂较长的人　适合穿着大部分袖型，但不太适合插肩袖。

3）上臂较粗的人　适合穿着带有一定袖长的款式，不适合选择无袖。

4）肘关节突出的人　适合穿着袖长过肘的款式，不适合短袖、无袖等会直接暴露缺点的袖型。

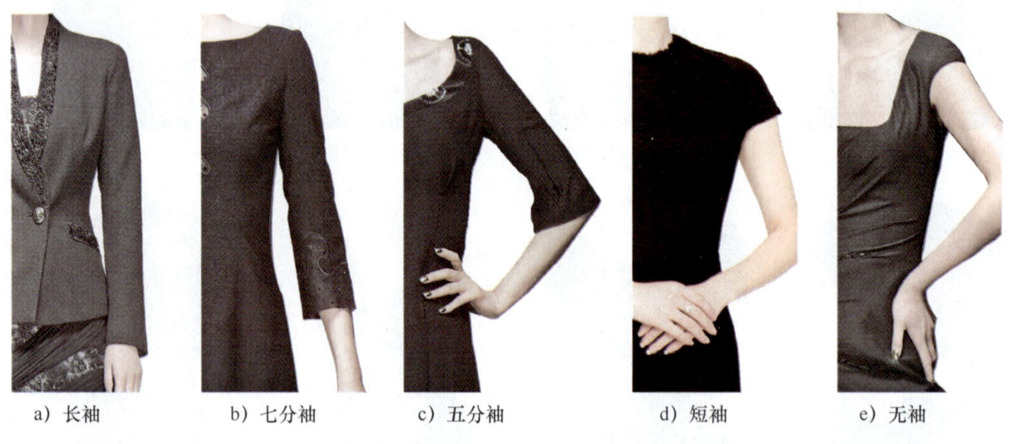

a）长袖　b）七分袖　c）五分袖　d）短袖　e）无袖

图 4—23　几种常见的袖型

（3）肩部设计

服装的肩部有耸肩、插肩、斜肩等变化（见图 4—24），而人的肩部形状有“T”形肩、“Y”形肩、“个”形肩三种。利用肩缝、领型、肩饰，可以掩饰肩型的缺陷。不同的肩型适合不同种类的肩部设计。

1）“T”形肩是标准肩型，肩线正好落在肩骨上，不需要更多的肩饰来衬托。

2）“Y”形肩即耸肩，肩型过高，应避免穿带垫肩或耸肩设计的服装，适合斜肩、插肩设计。此类肩型不需要在肩部添加多余的装饰，如肩章等，否则会增加肩部的上耸和宽度。

a）耸肩设计

b）斜肩设计

c）插肩设计

图 4—24　几种常见的肩型设计

3）“个”形肩即溜肩，肩型过低，与“Y”形肩正好相反，应穿带垫肩或耸肩设计的衣服，同时将肩缝落在肩骨之外，使肩部有增宽的错觉。此类肩型一般肩部较窄，应尽量避免穿连肩袖和蝙蝠袖。肩章或复杂、夸张的肩饰可以增加肩宽的感觉，对此类肩型很合适。

（4）装饰线和结构线

服装的装饰线是指应用在服装上起修饰作用的线条，能加强服装的艺术表现力，如绳子、流苏、褶皱等。服装中的结构线是对服装各部件裁剪、缝纫线的总称，如肩缝、口袋、省道等。当服装的装饰线和结构线呈直线形时，给人以帅直、单纯、中性化的印象（见图 4—25a）；当它们呈曲线形时，给人以柔美、优雅、女性化的印象（见图 4—25b）。

a）省道呈直线形时

b）省道呈曲线形时

图 4—25　服装中结构线的曲直变化

趣味阅读

什么是服装的省道

省道是服装在裁剪、缝合上的一种突破。人们最初穿着的服装，大多数都是由前后两片缝合而成的平面宽衣效果。经过收省后的服装，会变得立体而服帖，能最大限度地表现出人体优美的曲线。

由于人体不同部位的立体起伏形态不同，因此，省道出现的部位也随之发生变化。如肩省、腰省、肚省、侧缝省等的作用依次是表现肩部和胸部的起伏、收紧腰部、符合腹部曲线、托出胸型等。

3. 服装设计与体型改善

人体不论高、矮、胖、瘦都可以归纳成七种类型，即平均形、楔形、沙漏形、三角形、矩形、瘦形、椭圆形。其中，平均形是最理想的体型，身体各部位匀称且平衡。但拥有这种完美体型的人毕竟只在少数，大多数人的体型总会存在或多或少的缺陷与不足。下面将其余六种不完美体型的特征与着装要领逐一进行介绍（见表4—3）。

表4—3　六种体型的特征与改善方法

体型	体型特征	目标	适合	不适合
楔形	1. 肩部较宽 2. 腰部可能很丰满 3. 背部较宽 4. 腿部纤细	1. 减小胸部和腹部 2. 加宽臀部	1. 无肩缝的衣袖 2. 底部丰满的裙子、宽褶裙和有边线的裙子，如A廓形和X廓形的下摆 3. 样式简单的上衣 4. 腰部下垂、直线条或宽松样式的上衣	1. 不适合Y廓形的服装 2. 避免强调肩部的设计，如肩章、宽的西服上衣翻领 3. 避免有水平线条的、有外口袋的、有装饰的或有过长衣袖的上衣
沙漏形	1. 上身丰满，腰部纤细 2. 臀围较宽，背部较宽 3. 大腿丰满	缩小曲线，使体型伸长	1. 适合多种廓形的服装 2. 衬衫与长裙搭配，也可以加上束腰、裹扎式外衣和有荷叶边装饰的外衣 3. 柔软的宽下摆裙或上窄下宽的大摆裙 4. 上宽下窄的长裤或直筒裤，加柔软的褶皱或束腰 5. 长过臀部的柔软布料外套	1. 避免箱式上衣和厚重的套头衫 2. 不要穿紧身衣 3. 避免过高、过宽的腰际线以及束胸的上衣 4. 避免穿着有外口袋、水平线条和在胸部或臀部有图案的衣服

续表

体型	体型特征	目标	适合	不适合
三角形	1. 胸部比臀部窄 2. 腰部以下变宽或更结实 3. 肩部比臀部或大腿窄	1. 使腰部以上更丰满、更宽些 2. 减小臀部和大腿的宽度	1. 上身有装饰的样式，例如，收腰、肩章、褶皱和外口袋 2. 宽领或勺形领 3. 带垫肩的直线条上衣，长度或高于或低于臀部的最宽处 4. 套衫式上衣、垂腰式上衣、两件套外衣	1. 避免直条式和箱式上衣、无肩缝衣袖以及其他使视线下移的装饰线 2. 不要穿有水平接缝、束腰和褶皱的外衣或臀部有图案的服装 3. 避免长至臀部最宽处的紧身上衣 4. 不要穿底部为浅色的深色上衣
矩形	1. 有棱角，缺乏曲线 2. 没有明显的腰部曲线 3. 轮廓几乎是直上直下 4. 腰部和臀部的尺寸相差很小	使身体的上部减小，创造出更纤细而有曲线的体型	1. X 廓形的服装能为矩形身材增加曲线美 2. 有型的、轮廓分明的上衣 3. 斜裁的、下摆逐渐向外张开的裙子，带褶的裙子 4. 高腰或垂腰式裙子或长裤	1. 不要系宽的或颜色对比鲜明的腰带 2. 避免水平线条和水平线图案 3. 避免位于臀部的大外口袋 4. 避免箱式、宽松或方形的上衣
瘦形	1. 肩膀、腰部和臀部较窄 2. 轮廓线瘦直，缺少曲线	创造出更丰满的体型外观	1. O 廓形的服装会让身材显得丰满一些 2. 显得丰满的上衣、衣袖、长裤和裙子 3. 增添饱满的线条，如束腰、褶皱、褶边和外口袋等 4. 有纹理的织物，如花呢、毛织品、天鹅绒、马海毛和编织物等	1. 不要选择非常笨重的衣料或过大的图案 2. 避免穿紧身上衣和紧身裙或紧身长裤 3. 避免垂直线条和垂直样式 4. 避免透明的织物，不要穿着无肩带的或宽领口的服装
椭圆形	1. 丰满的上身，丰满的腰部 2. 臀围较宽，腹部突出	使体型伸长并显得苗条	1. 长至臀部或更长的宽松上衣 2. 腰部不突出的样式，如无袖长上衣和无腰带的宽松上衣 3. 无腰带上衣或腰部稍束的罩衫 4. 高腰或垂腰式裙子或长裤	1. 不适合 O 廓形的服装 2. 避免穿笨重或质地较厚的外套 3. 避免系厚的或醒目的腰带 4. 避免紧身衣或任何将注意力引向腹部或臀部的样式 5. 避免水平线条和水平图案

运用服装改善体型，主要是运用服装廓形和款式设计来对体型进行调整与弥补。聪明的着装意味着增强体型的优势并使劣势降到最低，使整体着装既符合人物的体型特征，又时尚漂亮。

四、服装色彩与人物形象

1. 服装色彩与肤色

在服装色彩与人物形象的协调关系中，人的肤色、发色和瞳孔色应与服装色彩和谐呼应。其中，肤色是决定性因素，这是因为皮肤是人体面积最大的一块颜色，它占有绝对的影响力。专业领域将黄色人种的肤色明度、冷暖的变化归纳为春季型、夏季型、秋季型、冬季型四大类，再依据不同季型肤色的特征来选择着装色彩。

（1）春季型

肤色呈浅象牙色或暖米色，肤质细腻而有透明感。春季型人的服饰基调属于暖色系中的明亮色调，适合穿着浅黄、肉粉、淡绿、乳白等以黄色为基调的柔和、鲜明的服饰色彩。黑色或过深、过重的颜色不适合此类型人，因为它会使春季型人显得暗淡，无光彩。

（2）夏季型

肤色呈粉白或乳白色，或是带蓝色调的褐色、小麦色。夏季型人的肤色属于冷色调中的明亮色调，适合穿着深浅不同的各种粉色、蓝色、紫色等以蓝色为基调的柔和、淡雅的服饰色彩。夏季型人不适合穿黑色，过深的颜色会破坏夏季型人的柔美，可用一些浅淡的灰蓝色、蓝灰色、紫色来代替黑色。

（3）秋季型

肤色呈瓷器般的象牙色、深橘色、暗驼色或黄橙色。秋季型人的是四季型中最成熟而华贵的代表，其肤色属于暖色调中的深色调，适合穿着金色、苔绿色、橙色等以暖色为基调的温暖、浓郁的服饰色彩，越深厚的颜色越能衬托秋季型人陶瓷般的肤色，但秋季型人穿黑色会显得皮肤发黄，可用深棕色来代替。

（4）冬季型

肤色呈青白色或略带橄榄色，或是带青色的黄褐色。冬季型人的肤色属于冷色调中的“冰”色，能塑造出冷艳的美感，是四季型人中最适合穿着黑、纯白、灰、红等纯色的类型，冰蓝、冰粉、冰绿、冰黄等皆可作为配色点缀其间。冬季型人在搭配服饰色彩时，要注意色彩对比，只有对比搭配才能让冬季型人显得惊艳、脱俗。

2. 服装色彩与体型

服装色彩的深浅、冷暖和色彩对比的强弱会对人的体型有一定程度的影响。通常运用色彩与体型反相搭配的原则来弥补缺陷。

（1）肥胖型

不宜穿着过于鲜艳的色彩，或是大花纹、横纹的服饰，以免造成横宽的视错。深色、冷色，小花纹、直线纹会让此类型人显得清瘦一些。忌上下身分段式对比用色。

（2）高瘦型

适宜穿着浅色、横纹、大方格服饰，以增加体型的丰满感，或是用鲜艳的色彩或图案对比也能使此类体型看上去更饱满一些。全身单一性冷色或暗色的运用，会暴露此类体型的缺点。

（3）矮小型

不宜穿着颜色过深的服饰，如黑色，也不宜穿着鲜艳的大花纹图案的服装，以免在视觉上造成缩小感。适合全身统一色调，或使用上下身弱对比色彩搭配方式。

（4）胸部过小

上装用色宜淡不宜深，宜暖不宜冷，使用鲜艳的图案或色彩对比会让胸部显得更丰满。

（5）胸部丰满

与前一种情况正好相反，上装适合选用深色、冷色或单一的色调，避免夸张的图案或花纹。

（6）肩部过宽

适宜选择深色、冷色或单一的色彩，避免在肩部使用夸张的色彩或者图案，不宜使用垫肩。

（7）臀部过小，腿过细

在挑选服装时，除不宜选用暴露体型缺点的紧身裙、紧身裤以外，更不宜选用深色的下装，适合选择颜色清浅、式样宽松的褶裙或者宽松长裤。

（8）臀部过大，腿过粗

下装不宜选用白色、鲜艳的暖色或是对比强烈的色彩，更不适宜上深下浅的服饰搭配方式。下装的色彩适合选择深色、冷色等使臀部和腿部有收缩感的色彩。

以上是针对特殊体型和部位在运用色彩时需要掌握的技巧，这些方法和技巧同样适用于前面所述的六种基本体型。

五、服饰设计

服饰是服装配饰与首饰的总称。在形象设计中，服饰起到装饰和美化的作用。服饰种类十分丰富，如帽子、鞋子、包袋、围巾、腰饰、手套、袜子、眼镜、项链、耳环、手镯、戒指、胸针等。每一种类型的服饰由于其款式、材质、色彩的变化会呈现出不同的特点，因此，服装与服饰的搭配在遵循“TPO”原则的基础上，还需要考虑到两者之间风格的协调统一。

1. 服装配饰的分类及用途

随着服装设计领域的发展，服饰配件的种类越来越丰富，在此无法将其一一列举，因此，只将最常用的六类服装配件的特点及用途归纳如下（见表 4—4）。

表 4—4　　常用服装配件的种类与用途

分类	举例	图示	特点及用途
帽子	宽边帽		1. 帽身为圆形，帽檐很宽 2. 草编质地的宽边帽多用于夏季，搭配长裙、裙裤能塑造出清新、浪漫的形象。呢料质地的宽边帽适用于冬季，搭配呢料外套、套裙等能塑造大方、优雅的形象
	棒球帽		1. 帽身为圆形，帽檐窄长 2. 四季都可使用，适合搭配 T 恤、运动帽衫、休闲装等，能塑造时尚、青春的形象
	鸭舌帽		1. 帽身扁平，帽檐呈鸭嘴状 2. 四季都可使用，适合搭配背心、衬衫、运动装等，能塑造俏皮、中性、随意的形象
	贝雷帽		1. 帽型呈圆扁平状，无帽檐 2. 用于春秋季，可搭配衬衫、大衣、裙装等，能塑造温暖、典雅、帅气的形象

续表

分类	举例	图示	特点及用途
帽子	钟形帽		1. 帽身长，近似于圆柱形，帽檐小 2. 四季都可使用，适合搭配自然、随性的休闲服装。草编材质可搭配 T 恤、长裙；呢料可搭配大衣等。能塑造端庄、典雅的形象
	礼帽		1. 帽身长，帽檐小，帽顶的形状有平顶、圆顶等变化 2. 四季都可使用，适合搭配正式或休闲西装、大衣、衬衫等服装，能塑造优雅、帅气的形象
鞋	休闲鞋		1. 简单、舒适、随意 2. 用于休闲场合，适合搭配牛仔裤（裙）、工装裤（裙）等休闲类服装
	运动鞋		1. 减震、防滑、保护脚关节 2. 运动时使用，种类很多，搭配相应的运动服装能塑造出健康、活力的形象
	正装鞋		1. 简洁、端庄、保守 2. 用于正式场合，适合搭配衬衫、西裤、西装裙等正式场合穿着的服装
	时装鞋		1. 时尚、新颖、有设计感 2. 用于搭配时下流行的时装款式，伴随着某种时装的兴起而出现，具有较强的季节性

续表

分类	举例	图示	特点及用途
鞋	靴子		1. 靴筒高至脚踝以上的鞋子 2. 一般用于秋冬季节，适合搭配裙装或窄管裤装，能塑造潇洒个性的形象
包	挎包		1. 包带较长，适合单肩挎或斜挎 2. 根据包的材质与款式不同，常用于搭配时装或休闲类服装
	手提包		1. 包带较短，适合手提或单肩挎 2. 常用于搭配正式场合服装，给人以利落、优雅的印象
	手拿包		1. 无包带，小巧，轻便 2. 常用于搭配各种晚装或礼服
	双肩包		1. 容量大、能负重、实用 2. 常用于搭配运动装、休闲装、便装等

续表

分类	举例	图示	特点及用途
围巾	长围巾		1. 形状长而窄 2. 一般适用于秋冬季，有很好的保暖作用。适合搭配上身设计较为简洁的服装
	披巾		1. 形状长而宽 2. 一般适用于秋冬季，有很好的装饰作用，适合搭配上身设计简洁、无帽设计的服装
	方巾		1. 形状小，呈方形 2. 一般适用于春秋两季或用于搭配正装，方巾的系法丰富，可根据服装领口的大小来搭配不同的系法
腰饰	腰带		1. 呈带状，根据其粗细不同可分为宽腰带、细腰带；根据材质不同可分为皮带、帆布腰带等。腰带能强调腰部线条，标示上下身比例 2. 宽腰带一般用于搭配时装；细腰带一般用于搭配女士正装；皮带一般用于搭配裤装；帆布腰带一般用于搭配休闲裤装
	腰链		1. 呈链条状，根据其材质不同又可分为珍珠腰链、金属腰链、丝带腰链等 2. 珍珠腰链一般用于搭配优雅的裙装；金属腰链一般用于搭配个性、简洁的服装；丝带腰链一般用于搭配淑女、甜美的服装

续表

分类	举例	图示	特点及用途
腰饰	腰封		1. 比普通腰带宽，装饰效果极强 2. 一般用于搭配礼服
手套	长款		1. 长度超过手肘 2. 用于婚宴、晚宴等正式宴会场合，一般用于搭配无袖或短袖礼服
	中长款		1. 长度在手肘与手腕之间 2. 与长款手套的用途相似，除此之外，还可用于搭配秋冬季五分或七分袖外套
	短款		1. 长度在手腕位置 2. 常见于生活场合，材质与款式丰富多样，适合搭配秋冬季服装
	露指款		1. 手套的长度止于指根处 2. 常用于搭配帅气、潇洒的时装
	蹼状款		1. 拇指分开，其余四指集中在一起，呈蹼状，保暖性好 2. 常用于搭配可爱、随意的休闲服饰

2. 首饰的分类及用途

首饰泛指全身的小型装饰品，它们在人们的整体衣装中起着画龙点睛的作用。一般女性首饰有耳环、颈饰、手环、戒指、臂饰、胸针等，不同的饰品具有不同的特点及用途（见表 4—5）。

表 4—5　　常用饰物的分类及特性

饰品的种类	图 示	特点及用途
耳环		1. 颜色丰富，造型多样，如耳钉、耳坠、圈状耳环、线状耳环等 2. 体积小的耳环给人以乖巧、含蓄的印象；体积大的耳环给人以夸张、个性的印象
颈饰		1. 用于颈部与上半身装饰，款式丰富，如颈链、长项链、宝石链等，还有单链与多链之分 2. 颈部纤细的适合戴粗一些的项链；颈部粗壮的适合戴细一些的项链，但反差不能过大，否则会显得颈部更粗；颈部长的适合戴短项链；颈部短的适合戴长一些的项链
手环		1. 用于手腕部的装饰，如各种材质的手镯、手链等 2. 一般情况下，金属质地的手环适合搭配有光感的面料；木质手环适合搭配棉麻等天然面料；宝石质地的手环适合搭配优雅、华丽的面料
戒指		1. 用于手部装饰。按材料分，有金属、宝石、塑料、木质或骨质之分；按形状分，有方戒、圆戒、线戒之分 2. 有史以来，戒指被认为是爱情的信物，戴在左手无名指上的戒指被认为是结婚戒指；在古罗马，戒指作为印章，是权力的象征
臂饰		用于装饰上臂部位的，适合搭配无袖或抹胸款式的服装
胸针		常用于装饰西服的领口部位，适合与设计简洁、大方的上装搭配使用

3. 服饰的应用设计

（1）服饰的选择要以服装为依据

服饰是服装重要的搭配物，当两者搭配得当时，会给整体形象加分；当两者搭配不当时，不仅会让整体形象减分，而且会对整体风格产生影响。因此，在搭配时，原则上穿什么质地的服装配什么质感的服饰，穿什么风格的服装配什么风格的服饰。例如，身穿高档丝绸或毛料晚礼服参加宴会或舞会时，不妨佩饰金银或镶嵌宝石的华丽饰物，这样才能显示出高雅华贵的风度，并与宴会或舞会的氛围相协调；身穿混纺面料时装去度假或旅游时，最好选戴中低档且款式奇特的新潮服饰，既活泼，又时髦；身穿办公服或工作服去上班，就应选戴款式简洁大方的饰物，既可增加对服装的装饰效果，又能调节工作中的紧张气氛。

当同一形象中使用多种饰物搭配时，还应注意服饰之间在造型款式和色彩上的呼应配套。常见的配套方式有耳环与项链、手链相配套；鞋子与包包相配套；手套与腰饰相配套等，色彩不宜过多、过杂。

（2）服饰的搭配要切合人物的实际年龄

不同年龄与身份的人对服饰的选择也不尽相同，挑选配饰时，应考虑各年龄阶段的特征，要避免过于年轻或过于老气的搭配，才能使整体形象与人物内在和谐统一。例如，中老年妇女，身穿合体的旗袍裙，耳戴一对小巧的金耳环，手戴一个细细的镶宝闪光戒，显得格外端庄大方；年轻的姑娘，身穿飘逸的连衣裙，温柔淡雅，佩戴款式活泼的新潮首饰，既清纯又有现代感。

第四节　美甲设计

公元前30世纪，古埃及人无论男女都将指甲染成红色。在中国，唐朝以前就有了染指甲的技术。到了飞速发展的现代社会，美甲已成为整体形象设计中不可缺少的一部分，从简单的手部护理到华丽的装饰设计，美甲传播了健康、卫生、美丽、时尚的生活理念。

一、美甲的概念及作用

1. 美甲的概念

美甲是一种对指（趾）甲进行装饰美化的工作，又称为指甲美容或甲艺设计。

其过程包括对指（趾）甲进行清洁、消毒、护理、保养及美化，具有表现形式多样的特点。本文后面所提及的指甲即涵盖趾甲。

2. 美甲的作用

美甲的作用主要体现在以下两个方面：

（1）保护作用

人类的手脚担负着日常劳作与活动的功能。指甲受到外界因素不同程度的磨损甚至伤害，容易变薄、变脆、断裂。而美甲中的营养油能滋养指甲周围的皮肤；底油、甲油、亮油能增加指甲的厚度，使之不易断裂；人造指甲能隔离外界对真指甲的伤害。专业的美甲护理，能让我们拥有健康的指甲。

趣味阅读

指甲的有关常识

健康的指甲由三到四层角质构成，它像皮肤一样可以显示人体的健康状况，健康的指甲应具有以下几个特征：

1. 甲床呈淡粉色，表面无斑点、凹凸及楞纹。
2. 甲质坚韧，厚薄适中，软硬适度，不易折断。
3. 甲缘整齐无缺损。
4. 表面光滑、亮泽、圆润、饱满、无分层。
5. 指甲根部的白色半月形应占甲床的1/5。

当指甲表面出现横纹、竖纹、斑点甚至变色时，就需要引起重视，因为它可能是对身体健康状况发出的预警信号。

（2）美化作用

人们常用“手如柔荑，肤如凝脂”来形容女性双手给人留下的美好印象。随着美甲技术的发展，指甲的修饰技巧越发丰富，美化与装饰效果越发显著。例如，修甲能改变指甲的形状、长度，以适应不同的手型；色彩缤纷的甲油能改变指甲的颜色，以搭配不同色彩的服装，还能提亮肤色，改变指甲表面的质感；各种饰物与新材料的运用极大地丰富了美甲的形式，增添时尚感。如近年来流行在指甲上雕花、贴钻等（见图4—26）。

a）雕花

b）贴钻

图 4—26　指甲的不同美化形式

二、美甲的分类

1. 护理型美甲

（1）基础护理

基础护理包括对手部的清洁、消毒、护理、保养、修甲、打磨、抛光等步骤，基础护理能使手部皮肤得到滋养，淡化手纹，并在自然甲的基础上进行完善，使指甲看起来干净、整齐、卫生、健康。

（2）甲油护理

甲油护理是指运用底油、亮油在指甲上进行涂抹。底油能保护指甲不受甲油伤害，防止甲油的色素沉着在自然甲上；而亮油则起到增加指甲的光泽度，保护甲油色彩，并防止其脱落、褪色的作用。

2. 修饰型美甲

（1）甲油修饰

甲油修饰是运用甲油在指甲上进行单色或多色搭配涂抹。使用单色甲油涂抹时，给人以简洁、大方的印象；使用多色甲油搭配涂抹时，给人以活泼、明快的印象。多色甲油涂抹的表现形式多样，如条纹、格子、渐变、法式、反法式等。由于甲油涂抹具有操作简单、快捷、易卸除等特性，因此它受到大众广泛的欢迎。

（2）饰物粘贴

为丰富指甲的表现形式，增加指甲的立体形态，在甲油修饰后，常会选用亮钻、珍珠、蕾丝、羽毛、花朵、金银线、卡通人物等饰物粘贴于指甲上，呈现出华丽、典雅、甜美、可爱、个性等风格（见图4—27）。

图4—27 美甲设计中饰物的运用

（3）人造指甲

人造指甲是通过人工合成材料制作而成的一系列仿真类指甲，也就是人们通常所说的假指甲。常见的人造指甲分为三类，即贴片甲、水晶甲和光疗树脂甲。

1）贴片甲　可分为半贴片、全贴片等。它的优点是能延长甲床，矫正指甲形状，弥补手部缺陷，缺点是透气性较差（见图4—28）。

图4—28 贴片甲

2）水晶甲　可分为透明水晶甲、法式水晶甲、水晶雕花等。水晶甲的优点是坚固耐磨、不易折断，色彩柔和自然，晶莹剔透，能与大多数服装搭配，衬托出女性的高雅气质。它的缺点是透气性差，卸甲困难（见图4—29）。

3）光疗树脂甲　是水晶甲的换代产品，它无色无味，不含化学物质，是利用紫外线将天然树脂聚合于真甲表面，从而造就出坚韧、具有光泽感的指甲。它的优点是不易脱落、表面光洁、便于打理，缺点是不易拆卸（见图4—30）。

（4）指甲彩绘

指甲彩绘即运用丙烯或水粉颜料在指甲表面描绘各种花纹、图案，如水墨丹青、

花鸟鱼虫、卡通形象或是婀娜多姿的美人等。生活中、自然界中的事物或是其他艺术领域的设计元素都能成为美甲师的灵感来源，其运笔技法主要有勾、描、点、染等（见图 4—31）。

图 4—29　水晶甲

图 4—30　光疗树脂甲

图 4—31　指甲彩绘

三、美甲与形象设计

美甲在形象设计中的运用与化妆、发型、服装一样，也要符合模特自身条件与场合的需要。

1. 美甲与手型

一款成功的美甲设计一定是适合模特自身手型的，就如同发型可以修饰脸型一样，甲型也可以修饰手型。例如，方形指甲且手指较短的人，适合尖圆形或方圆形指甲；而手指纤细修长的人，则适合方形或圆形指甲，但若是指骨关节突出，圆形指甲则更适合，这是因为方形指甲会让手看起来骨感太强，缺少亲和力。

2. 美甲与肤色

美甲的面积虽小，但却足以影响手部皮肤色彩。选择甲油时应以手部皮肤的色彩为依据，当手部皮肤呈浅的暖色调时，应选择偏暖的浅黄色、肉粉色、淡绿色、乳白色等；当手部皮肤呈深的暖色调时，应选择金色、偏暖的苔绿色、棕色等；当手部皮肤呈浅的冷色调时，应选择偏冷的粉色、蓝色、紫色等；当手部皮肤呈深的冷色调时，应选择偏冷的深色，如黑色、紫黑色、深棕色、暗红色等。

美甲色彩与肤色之间是互为映衬的关系，以达到体现皮肤质感和光泽的效果。

3. 美甲与场合

（1）生活美甲

生活类美甲应以简约、大方为主。日常生活中，我们的双手需要承担部分劳动，过长的指甲会影响手部的灵活性；过尖的指甲容易让人产生距离感；过于繁复的立体装饰容易造成手部负担。因而，生活中更适合修剪短一些的圆形或方圆形指甲，小巧的装饰物会让双手看起来更加轻松、自然。在款式与颜色方面要做到与服装的风格、色彩相协调（见图 4—32）。

图 4—32　生活美甲

（2）宴会美甲

在出席正式的宴会场合时，由于着装与周围环境、氛围的变化，美甲设计应以华丽、高雅为主。水晶甲、琉璃甲、光疗甲等具有温润光感的指甲能体现女性的柔美、华丽的气质；加以立体饰物点缀的贴片甲能在优雅的长度中体现女性独特的风韵，而带有金属光泽的贴片甲则能彰显女性时尚的个性品位。

（3）艺术美甲

艺术美甲是强调美甲技艺的类别，主要用于美甲竞赛、舞台表演或专业类杂志中。它具有较高的艺术观赏性。此类指甲在形状与长度上比较夸张，用色大胆，设计前卫，风格新颖独特，具有较强的视觉冲击力（见图 4—33）。

a) 范例1

b) 范例2

图 4—33　艺术美甲

综上所述，美甲在整体形象设计中，虽是一门独立的专业学科，却不是单独存在的。它与形象设计中的其他设计语言之间存在密切的联系，能使整体形象更加完美，但也要考虑与其他元素之间的平衡、互补与融合，最终才能将一个完美的形象呈现在大众眼前。

思考·练习

1. 根据妆色与服装色彩搭配的原则，为下列服装选配两套相应的妆色，并用不同颜色的卡纸进行标示。

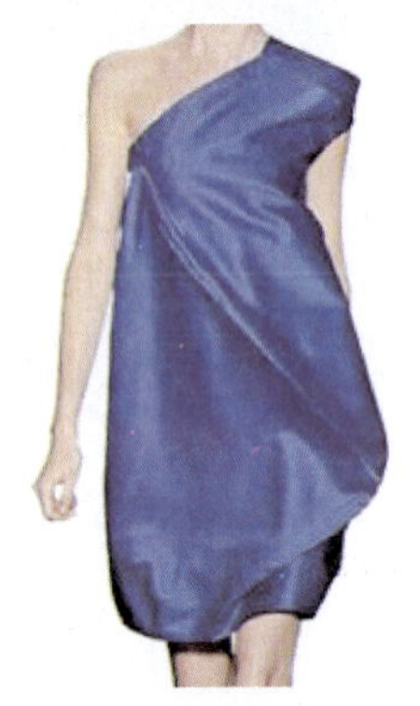

方案一：和谐搭配	方案二：对比搭配
粉底色：	粉底色：
眼影色：	眼影色：
眉　色：	眉　色：
口红色：	口红色：
腮红色：	腮红色：

方案一：和谐搭配	方案二：对比搭配
粉底色：	粉底色：
眼影色：	眼影色：
眉　色：	眉　色：
口红色：	口红色：
腮红色：	腮红色：

方案一：和谐搭配	方案二：对比搭配
粉底色：	粉底色：
眼影色：	眼影色：
眉　色：	眉　色：
口红色：	口红色：
腮红色：	腮红色：

方案一：和谐搭配

粉底色：

眼影色：

眉　色：

口红色：

腮红色：

方案二：对比搭配

粉底色：

眼影色：

眉　色：

口红色：

腮红色：

2. 收集你喜爱的中外明星的形象图片，贴于下表第一列，并根据所学知识总结图片中的搭配规律，并说说你的想法与建议。

<table>
<tr><th>图片</th><th colspan="6">搭配规律及设计思路</th></tr>
<tr><td rowspan="7"></td><td colspan="3">姓名：Lady Gaga</td><td colspan="3">年龄阶段：青年</td></tr>
<tr><td colspan="3">脸型：长方形</td><td colspan="3">肤色：冷色调浅色皮肤</td></tr>
<tr><td colspan="2">发色：白色</td><td colspan="2">发型：长卷发</td><td colspan="2">发质：细而柔软</td></tr>
<tr><td colspan="2">体型：沙漏形</td><td colspan="2">服装廓形：X 廓形</td><td colspan="2">服装色：黑色</td></tr>
<tr><td colspan="6">形象与人物自身条件是否吻合？　是　　否</td></tr>
<tr><td colspan="6">想法与建议：
1. 服装色彩与肤色同为冷色调，搭配得当
2. 小巧的 X 廓形较好地体现了沙漏形身材的曲线美。裙子长度正好掩饰了沙漏形身材较为粗壮的大腿，服装廓形与款式选择得当
3. 发色与肤色同为冷色调搭配，显得干净而和谐；弯曲的长卷发使长方脸型过于硬朗的面部轮廓变得更柔和，增添了女性的柔美感
4. 建议选择佩戴一款黑色的发饰，与服装形成连接或呼应
5. 建议涂抹一款红色的甲油，既能与红唇妆容相呼应，又能为沉闷的黑色服装增添一抹亮色</td></tr>
<tr></tr>
<tr><td rowspan="6">图片</td><td colspan="3">姓名：</td><td colspan="3">年龄阶段：</td></tr>
<tr><td colspan="3">脸型：</td><td colspan="3">肤色：</td></tr>
<tr><td colspan="2">发色：</td><td colspan="2">发型：</td><td colspan="2">发质：</td></tr>
<tr><td colspan="2">体型：</td><td colspan="2">服装廓形：</td><td colspan="2">服装色：</td></tr>
<tr><td colspan="6">形象与人物自身条件是否吻合？　是　　否</td></tr>
<tr><td colspan="6">想法与建议：</td></tr>
</table>